생태서식처로서 한국 서해안 해안사구

서울대학교 규장각한국학연구원 한국학모노그래프 67

생태서식처로서 한국 서해안 해안사구

펴낸곳 서울대학교출판문화원
펴낸이 오연천
지은이 유근배 · 신영호 · 김대현 · 김성환

초판 1쇄 인쇄 2013년 12월 25일
초판 1쇄 발행 2013년 12월 30일
출판등록 제15-3호

주소 151-742 서울 관악구 관악로 1
대표전화 02-880-5252 **팩스** 02-888-4148
마케팅팀(주문상담) 02-889-4424, 02-880-7995
이메일 snubook@snu.ac.kr
홈페이지 www.snupress.com
영문홈페이지 eng.snupress.com

ISBN 978-89-521-1319-1 94450
세트 978-89-521-1027-5

서울대학교 규장각한국학연구원 한국학모노그래프 67

생태서식처로서 한국 서해안 해안사구

유근배 · 신영호 · 김대현 · 김성환

서울대학교출판문화원

Coastal Dunes in West Coast of Korea as Ecological Habitats

Keun Bae Yu · Young Ho Shin
Daehyun Kim · Sung Hwan Kim

Seoul National University Press

머리말

자신이 거주하는 공간에 대한 이해는 삶의 질을 향상시키는 데 중요한 역할을 한다. 공간에 대한 이해는 공간에서 펼쳐졌던 사회경제적 환경과 함께 자연생태적 환경에 대한 이해를 포함하는 것으로, 사회경제적 측면에서 그 공간의 정치, 경제, 사회, 문화 등의 사항과 함께 과거로부터 변화해온 역사를 이해하는 것이며, 자연생태적 측면에서는 지형, 지질, 기후, 수문, 생물 등을 총체적으로 이해하는 것을 뜻한다. 공간에 대한 이해 수준이 확대되고 심화되어 갈 때, 그 공간 구성원들은 새로운 삶의 지표를 지속해서 수립해나갈 수 있으며 공간에 대한 효과적인 발전·보전·관리 전략을 수립할 수 있다. 공간에 대한 총체적인 이해를 넓히는 것은 최근 제시되고 있는 '환경적으로 건전하고 지속가능한 발전(Environmentally Sound and Sustainable Development: ESSD)'을 위한 토대를 제공한다.

현재 한국은 "단군 이래 최대 번영기"를 누리고 있다고 말한다. 한국의 국력이 나날이 강해지고 있다. 이러한 상황에서 해안에 관심이 점차 증대되고 있으며, 이러한 관심을 대변하듯 수많은 기반시설이 해안을 중심으로 입지하였고, 현재도 해안개발이 진행 중이다. 그러나 우리가 해안을 중심으로 국력의 성장을 도모하고자 할 때, 앞에서 언급한 '환경적으로 건전하고 지속가능한 발전'이라는 측면을 간과해서는 안 된다. 해안이라는 곳은 사회경제적 측면에서 중요한 지역이지만 자연생태적 측면에서도 매우 중요한 곳이다. 국제적으로 해안지역과 관련해서 지질학적 시간 규모에서 수십, 수백 년간 지속되어온 자연적·인위적 해안환경의 변화에 주목하여 왔다. 그 결과 해안지역이 기후·기상의 변화나 해황이나 주변의 지형조건 변화에 따라 쉽게 변하는 특성이 있으며, 인간의 활동으로 쉽게 변화하는 특성이 있다는 것을 확인하였다. 의제 21(Agenda 21)에는 해안환경이 전 세계적 규모에서 생명체의 생존에 필수적인 시스템을 형성하는 것은 물론, 사회경제적으로 지속가능한 개발의 가능성을 제공한다고 언급되고 있다(Sitarz(ed.), 1994). 이러한 맥락에서 해안지역의 관리적 측면에서 해안통합관리(또는 연안통합관리, Integrated Coastal Zone Management: ICZM)라는 개념이 제시되었다. 해안통합관리는 1992년 리우에서 열린 유엔 환경발전회의(United Nations Conference on Environment and Development: UNCED)의 "의제 21"의 17장인 "해양과 해안(Oceans and Coasts)"에 언급되어 있는데, 해안의 지속가능한 개발을 위해 필수적으로 각국에서 국가계획에 이를 포함시킬 것을 요구하고 있다. 해안통합관리란 해안지역의 지속가능한 개발을 위하여 역동적이고 학제적이며, 쌍방향의 프로세스라고 할 수 있다. 이는 정보의 수집부터 계획, 의사결정, 이행의 관리와 모니터링의 전 과정을 포함한다. 해안통합관리는 주어진 해안지역에서 사회의 지향점을 찾기 위하여 모든 이해당사자의 참여와 합의가 전제되어야 하며, 자연환경적인 측면뿐만 아니라 사회경제적인 측면도 함께 고려되어야 한다. 공간적으로 볼 때도 육상과 해양이 함께 고려되어야 한다.

통합이라는 용어 자체는 이미 널리 퍼져 있으나 현재 우리가 수행하고 있는 여러 분야에서 통합이 제대로 이루어지고 있는지는 의문이다. 실질적인 해안통합관리를 이루기 위해서는 먼저 또는 우선 부문별 정보에 대한 이해가 있어 한다. 분야별 이해도가 증진되어야 하며 지형적인 차이와 같은 지역적인 분류 또한 선행되어야 한다.

이 연구는 서울대학교 규장각한국학연구원 한국학연구사업위원회의 지원을 받아 수행되었다. 이 연구가 결실을 볼 수 있도록 물심양면으로 지원을 아끼지 않은 관계자 여러분께 심심한 감사를 드린다.

2013년 11월
저자를 대표하여
유근배

차례

표 차례

그림 차례

수식 차례

Ⅰ. 서론

1. 생태서식처로서 해안사구의 접근

해안사구는 해안 시스템을 구성하는 주요 요소 중의 하나로, 학계에서 주목을 받아온 기능공간이다. 해안사구의 기능은 전통적으로 네 가지 측면에서 강조된다(유근배·류호상, 2007).[1] 첫째, 해안사구는 해빈과 간석지로부터 바람에 의해 유입된 모래를 저장하였다가 폭풍이나 해일이 일어났을 때 모래를 해빈과 간석지로 되돌려 주는 모래 저장고이자 천연의 해안제방 구실을 한다(Carter, 1988; Psuty and Ofiara, 2002; Psuty, 2005). 둘째, 해안사구의 모래는 영양염류의 운반자 역할을 통해 해안 생태계 영양 순환의 일부를 담당한다(McLachlan, 1990; 유근배 등, 2005). 주기적인 모래 교환은 해안사구의 생태적 건강성에 매우 큰 영향을 미치는 요소이며, 해안사구의 안정성을 유지하는 중요한 기제이다. 셋째, 해안사구는 지하수를 함양하여 지하

1. 해안사구의 기능에 대한 자세한 내용은 유근배·류호상(2007)을 참고하기 바란다.

수면을 높인다. 배후지역에 생활·농업용수를 공급하기도 하며 내륙으로 염수가 유입됨을 방지하는 일종의 방어벽 역할을 한다(Carter, 1988). 마지막으로 해안사구는 바다와 육지의 경계부에 위치한 점이지대로서 독특한 환경조건을 가지고 있기 때문에 사구지대에 고유한 생물들의 서식처를 제공한다. 해안사구는 바다와 육지의 영향으로 해안선과의 거리에 따라 그리고 지형 기복에 따라서 다양한 식생이 분포한다(김대현, 2004).

유근배·류호상(2007)은 해안사구를 이해하는 주요 관점으로 "고환경 지시자로서 해안사구", "모래 저장고로서 해안사구", "생태서식처로서 해안사구"의 세 가지를 제시하였다. 고환경 지시자로서 해안사구는 해안사구를 과거 환경을 지시하는 '기록'으로 보는 입장이다. 이러한 입장에서의 해안사구가 제공하는 정보는 해안사구 형성 당시의 풍계(기압배치), 모래 유입량의 변화와 모래의 재동시기, 폭풍해일의 이력, 해수면의 변동주기 등이다(eg. Clarke and Rendell, 2006; Jelgersma *et al.*, 1995; Lepczyk and Arboga, 2005). 모래 저장고로서 해안사구를 바라보는 입장은 해빈-사구를 하나의 모래 공유 시스템으로 보고 양자 간의 퇴적물 교환을 이해하는 데 노력을 집중해왔다. 이러한 관점에서 주로 다루는 내용은 해빈-사구의 상호작용 문제를 퇴적물 수지로 보고 설명하는 것과 해빈에서의 모래이동 기제를 보다 정확하게 이해하려는 측면이다. 이러한 관점에서는 해안사구를 해안침식을 완충하는 자연제방으로 간주하고, 해안사구의 복원과 복구에 초점을 맞추기도 한다. 마지막으로 생태서식처로서 해안사구에 접근하는 연구경향에서는 생물학적 천이와 사구환경의 스트레스에 대한 생리적 적응양식 등이 주요 주제가 되고 있다(Martínez and Psuty, 2004).

해안사구를 보는 세 가지 관점이 각기 중요하지만 현재 국내에서는 "생태서식처로서 해안사구"가 비교적 주목을 받아왔다. 정부에서는 "해안사구 보전·관리지침"을 통해 5대 기본 방침(환경부, 2002)을 천명하였는데, 그 내용을 간략히 살펴보면 다음과 같다. 첫째, 생태적 가치가 큰 해안사구는 절대 보전한다. 둘째, 무분별한 개발행위 제한 -연안지역 경관을 막는 건축행위는 규제한다. 셋째, 불가피한 개발시 환경친화적 이용방안을 세워 생태적인 균형을 유지하는 한도 내에서 환경친화적으로 이용할 수 있도록 한다. 넷째, 훼손된 해안사구는 복원한다. 다섯째, 지역차원의 해안사구관리가 이루어질 수 있도록 추진한다. 이러한 기본 방침은 주로 생태서식처로서 해안사구라는 관점을 강조하고 있다.

서식처로서 해안사구의 특성을 구명하기 위해서는 서식종 목록을 작성하는 수준에 머무르는 것이 아니라 해안사구의 생성과 유지에서 식생이 담당하는 역할, 사구습지 간의 연계가 사구 생태계에서 차지하는 역할 등과 같이 서식종과 서식처의 상호작용에 초점을 맞춘 연구들이 수행되어야 한다. 사구 생태계의 환경구배와 해안사구 내에서 일어나는 영양순환 동역학에 대한 접근도 중요하다. 해안사구는 지형형성 작용이 매우 역동적으로 일어나는 공간이므로 종다양성과 교란의 관계에 대한 가설들을 검증할 수 있는 실험장으로서도 활용될 수 있다(유근배·류호상, 2007).

2. 이 책의 구성

이 책에서는 우리나라 서해안에 분포하고 있는 생태서식처로서 해안사구의 기능에 주목하고자 한다. 이를 위해서 다양한 분야에서 연구된 결과를 종합하였다. 국내의 실증적 연구 부족으로 외국의 연구결과를 과도하게 이용할 수밖에 없었다.

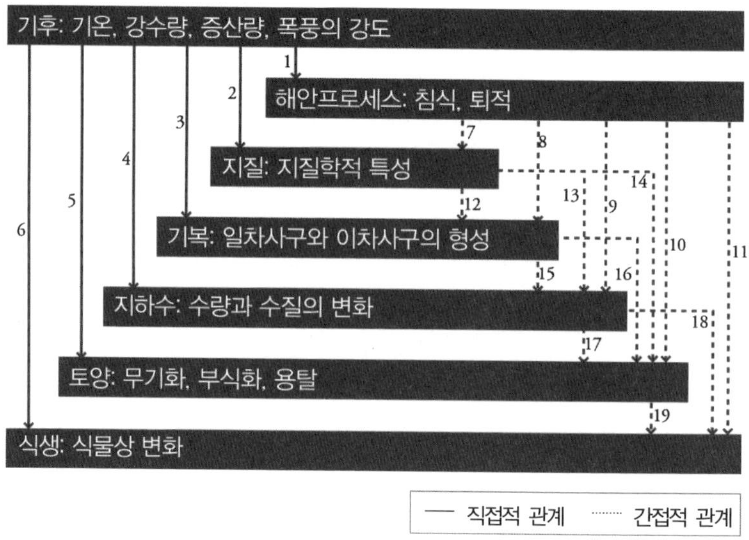

그림 Ⅰ-1. 해안사구 구성요소 간의 주요 관계(Bakker *et al.*, 1981 재구성)

① 기온, 상대해수면 상승, 폭풍시기의 변화

②, ⑦ 해수면 상승률, 침식·퇴적률

③, ⑧ 폭풍시기, 사구형성 단계

④ 연간 증산량과 분포의 변화

⑤ 유효 강수, 온도, 일조량, 습도, 토양조직 등의 변화

⑥ 모든 기후 요소의 변화

⑨ 지하수면의 변화를 일으키는 사구 폭과 염분포말의 변화

⑩, ⑪ 모래의 활동성, 풍식, 염분포말의 변화

⑫, ⑭ 석회함량, 모래의 광물조성과 입자크기

⑬ 수리지질학

⑮ 지하수면의 국지적 변화

⑯, ⑰ 지하수, 토양, 식생의 변화

⑱ 침수와 건조의 변화

⑲ 천이, 부영양화, 탈석회화, 산성화

Bakker *et al.*(1981)은 해안사구의 구성요소를 그림 I-1과 같이 기후, 해안프로세스, 지질, 기복, 지하수, 토양, 식생으로 나누고 각 요소 간의 관계를 도식적으로 표현하였다. Bakker *et al.*(1981)이 제시한 개념도는 해안사구의 각 요소 간의 상호관계에 대한 이해를 높이는 데 용이하지만 기후가 지배적인 요소가 되어 외부의 영향이 지나치게 크게 이해될 가능성이 높고 특정 요소에서 다른 요소에 미치는 영향이 일방적인 측면이 있다. 즉 각 구성요소 간에 위계가 모순된 측면이 있다.

이 글에서는 Bakker *et al.*(1981)이 제시한 해안사구의 구성요소들을 그림 I-2와 같이 재구성하였다. 우선 해안사구 시스템을 내적인 요소와 외적인 요소로 구분하였는데,[2] 내적인 요소와 외적인 요소를 구분한 이유는 Bakker *et al.*(1981)에서 기후와 같이 내부의 변화가 그 요소에 전반적인 영향을 미치지 못하는 상위의 프로세스가 관찰되기 때문이다. 공간적인 범위와 관계가 쌍방적이냐 일방적이냐는 기준에 따라 내적인 요소와 외적인 요소로 나누었다. 해안사구 생태계 내에서 생물의 서식과 생태학적 특성에 직접적인 영향을 미치는 내적인 요소에는 해안사구의 생물, 지형과 토양, 그리고 수문 등이 있으며, 이것들은 각기 쌍방적인 영향을 주는 관계이며 상호작용을 통해 생태적 균형을 유지시킨다. 한편 해안사구 시스템에 영향을 미치는 외적인 요소로는 조석·파랑, 기후·기상, 인간의 영향 등이 있다.

2. 내적인 요소와 외적인 요소를 나누는 기준은 요소 간의 상호작용의 유형이며, 공간적 격리를 의미하는 것은 아니다.

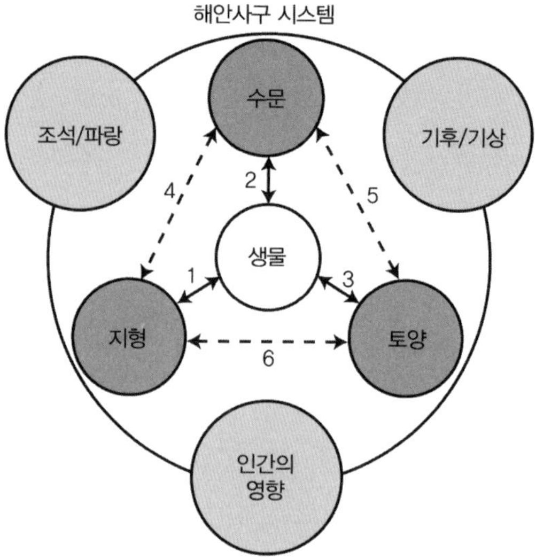

그림 Ⅰ-2. 생태서식처로서 해안사구

① [지형→생물] 모래의 이동, 풍식, 염분포말의 변화
[생물→지형] 모래이동에 영향(퇴적유도, 생물교란(bioturbation))

② [수문→생물] 침수, 건조 조건의 변화
[생물→수문] 증발산량 조절

③ [토양→생물] 영양분 공급
[생물→토양] 부식화, 탈석회화, 산성화

④ [지형→수문] 지하수위, 집수구역
[수문→지형] 퇴적물의 이동성, 습지 지형형성

⑤ [수문→토양] 습윤토양의 형성, 염류의 이동
[토양→수문] 지하수 흐름에 영향, 지표유출

⑥ [지형→토양] 고토양의 형성, 영양염류의 공급
[토양→지형] 모래이동에 영향

우선 해안사구 시스템을 이루는 내적인 요소 간의 상호작용에 대하여 중점적으로 살펴보기로 한다. 지형과 수문, 지형과 토양, 수문과 토양 사이의 상호작용도 해안사구 시스템 내의 프로세스이지만, "생태서식처로서 해안사구"라는 관점에서 생물중심의 상호작용(그림 I-2

의 1, 2, 3)을 주로 살펴보고자 한다.

Ⅱ장에서는 서해안 해안사구의 분포와 현황에 대하여 살펴보고, 국내에서 수행된 연구들을 살펴볼 것이다. Ⅲ장부터 Ⅴ장까지는 생태서식처의 각 요소를 이루는 지형, 토양, 수문을 고찰하고, 이들 요소와 생물 간의 관계를 검토할 것이다. Ⅵ장에서는 전사구와 사구저지, 해안사구의 주요 지형구분을 기초로 Ⅲ장에서 Ⅴ장의 내용을 재구성할 것이다. 마지막으로 Ⅶ장에서는 앞서 살펴본 내용을 근거로 생태서식처로서 한국 서해안을 진단하고 향후의 연구방향과 사구관리방향을 정리하고자 한다.

Ⅱ. 서해안 해안사구 분포, 현황과 연구동향

1. 서해안 해안사구의 분포와 현황

한반도에는 서해안, 남해안, 동해안에 걸쳐 해안사구가 형성되어 있다. 전국을 대상으로 2001년에 실시한 환경부 조사로는 도서부를 제외한 남한의 해안사구는 총 133개가 있고, 이 중 절반에 약간 못 미치는 60개(45%)가 서해안에 있다(표 Ⅱ-1, 그림 Ⅱ-1). 당시 조사에서 빠졌던 도서지역을 고려한다면 서해안의 해안사구는 더욱 많을 것으로 판단된다. 서해안에 전체의 절반에 이르는 해안사구가 위치하는 것은 서해안이 가지는 지형과 해황, 그리고 기후 특성 때문이다. 서해안은 비교적 완만한 지형이 많으며 이를 중심으로 해빈이 발달해 있다. 대조차 환경으로 해빈 대부분의 전면부에는 간조 때 광활한 간석지가 드러난다. 이들 간석지들은 사질로 이루어진 경우가 많아 해빈과 함께 해안사구를 형성하는 모래의 주공급원이 된다. 그리고 서해안은 겨울철 동안 북서계절풍의 직접적인 영향을 받기 때문에

그림 Ⅱ-1. 서해안 사구 분포도(유근배·류호상, 2007; 환경부, 2001 재구성)

표 Ⅱ-1. 국내 해안사구 현황(유근배 · 류호상, 2007; 환경부, 2001 재구성)

구분		개수(%)
경기도		3 (2.3)
인천광역시		1 (0.7)
충청남도		42 (31.6)
전라북도		9 (6.8)
전라남도	서해안(무안군)	5 (3.8)
	남해안	16 (12)
강원도		32 (24)
경상북도		11 (8.3)
경상남도		2 (1.5)
제주도		12 (9)
총		133 (100)

모래유입이 활발하게 일어나 해안사구 형성에 유리한 조건을 지니고 있다.

서해안의 해안사구들은 외해로 노출된 반도나 도서지역에 위치하는 경우가 많다. 서해안의 해안사구들을 도별로 살펴보면 경기, 인천, 충남, 전북, 전남[1]에 남한 전체의 각각 2.3%, 0.7%, 31.6%, 6.8%, 3.8%로 분포한다. 이 중 충남지역은 31.6%로 다른 도에 비해 월등히 높은데, 이는 외해로 노출된 지형적 영향과 넓은 사질 간석지를 갖춘 태안반도와 안면도를 중심으로 많은 해안사구가 형성되어 있기 때문이다. 대표적인 사구지대로 알려진 태안의 신두 사구지대가 바로 그러하다(그림 Ⅱ-2). 인천과 경기 지역은 해안사구 형성에 유리한 넓은 간석지가 존재하지만, 과거에 존재하던 사구지대는 개발로 그 원형을 찾기 어렵다. 한편 이 지역은 많은 섬이 경기만 있어 외해로 직접 노출된 해안이 비교적 적고, 간석지는 사질보다는

1. 전남의 경우 목포를 기준으로 하여 서해안과 남해안을 구분하였다.

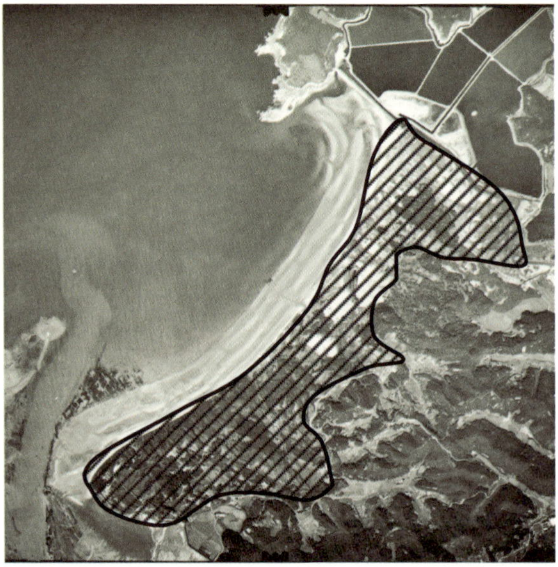

그림 Ⅱ-2. 태안군 신두 해안사구의 항공사진과 전경(촬영: 신영호)
항공사진에서 빗금을 친 부분이 해안사구가 분포된 지역이다.

표 Ⅱ-2. 해안사구 시스템의 기능에 영향을 줄 수 있는 인간의 행위(유근배·류호상, 2007 재구성)

행위의 성격	행위의 내용	주요 사례
직접적	형질의 변경	· 택지개발 · 골프장 개발 · 농지/방목지 이용 · 인공조림
	물리적인 제거	· 규사 채취 · 골재 채취
	과도한 이용	· 무절제한 통행으로 인한 답압 증가 · 지하수의 과도한 사용
간접적	퇴적물 수지에 영향을 주는 행위	· 구조물 건설로 인한 퇴적물 수지 교란 (예: 해안제방, 돌제, 방파제 등)

미사질이나 니질로 이루어져서 해안사구의 발달에 불리한 편이다. 전북에서 보고된 해안사구는 주로 부안군과 고창군을 중심으로 분포하고 있다. 부안군이 위치한 변산반도가 바다로 돌출되어 있고, 고창군은 해안선이 북동-남서방향으로 형성되어 있는 지형적 특징으로, 북서계절풍의 영향이 큰 환경에서 해안사구가 잘 형성된 것으로 보인다. 전북에서 비교적 발달이 양호한 해안사구는 고창의 장호리와 용정리 해안사구 등이 있다. 전남의 해안사구는 주로 무안군의 해제반도 주변에 분포하고 있다. 해제반도 역시 서해로 뻗어 나간 돌출형 지형으로 해안사구 발달에 유리한 조건을 가지고 있다. 한편 2001년 환경부 조사에는 빠져 있지만 서해안의 도서지역(특히 우이도, 임자도, 비금도, 대청도 등)에도 해안사구가 잘 발달되어 있다.

종합하면 서해안에 형성된 해안사구는 태안반도나 변산반도, 해제반도와 같이 외해에 노출된 곳에 잘 발달하여 있으며, 외해에 위치한 도서지역에서도 발견된다. 그러나 하구역이나 내만과 같이, 파랑이 비교적 제한되어 해빈 형성이 미약하고, 간석지의 퇴적물이 주로 미사질이나 니질로 구성된 곳에서는 해안사구의 발달이 미약하다. 태안반도나 변산반도와 같이 국립공원 등으로 지정되어 대규모의 해안개발이 제한되어온 지역에서는 해안사구가 잘 보전되어 있으며, 그렇지 않은 곳은 간척이나 개간 등을 통하여 그 원형을 찾아보기 어렵다.

2. 서해안 해안사구의 구동향

해안사구의 중요성이 일반 대중에게 알려지게 된 것은 채 십 년이 되지 않았고, 최근에서야 관심이 증가되었다(표 Ⅱ-3). 이러한 연구관심이 고조된 배경에는 1990년대 후반에 이르러 태안군에 위치한 신두 해안사구를 중심으로 그 지형·생태적 중요성이 몇몇 학자들의 노력과 언론기관의 보도를 통해 대중에게 소개되기 시작했기 때문이다. 특히 2000년에 안면도 해안도로 건설에 따른 해안사구 파괴에 대한 언론기관의 보도, 국정감사 등으로 해안사구의 가치에 사회적 인식이 고양되었기 때문이다. 환경부는 2000년 11월 28일 "사구보전추진계획"을 수립하고 해안사구의 전국적 현황에 관한 조사를 시행하였다. 조사 결과에 기초하여 "해안사구 보전에 관한 관리 지침"(환경부, 2001)을 마련하였다.

2000년대 이전에는 국내학계에서는 해안사구에 대한 관심이 상대적으로 적은 편이었다. 서해안 해안사구의 연구는 1970년대로 거슬러 올라간다. 해안사구를 지형학적 입장에서 접근하기 시작하였는데,

박동원·유근배(1979)의 연구가 대표적이다. 이들의 연구는 서해안 사구의 형성과 발달에 대하여 해안사구의 형성과정을 중심으로 살펴보았다. 1980년대에는 해안사구를 생물학적인 관점으로 접근하는 연구가 진행되기 시작하였는데, 주로 서해안 해안사구에 서식하는 생물종들을 확인하고 이를 보고하는 데 중점을 두었다. 김진일(1981), 이우철·전상근(1984) 등의 연구가 대표적이다. 1990년대에 이르러서 홍정수·장남기(1991)의 논문과 같이 식생의 성장과 관련이 있는 미생물에 대한 연구가 진행되기도 하였으며, 추연식 등(1999)의 해안식물의 영양학적인 연구가 진행되기도 하였다. 2000년 이전의 연구들은 해안사구 시스템을 지형학, 생물학 등 분야별 관점에서 진행되었기 때문에, 해안사구 시스템의 각 구성 요소 간의 관계를 밝히거나 생태서식처로서 해안사구의 기능이나 가치를 직접 논하는 데 한계가 있었다.

2000년대에 들어 서해안의 해안사구에 대한 연구는 수적으로 급격하게 증가하였고, 연구의 관점도 다양해졌다. 단기간의 지형변화와 변화프로세스에 초점을 맞추는 지형동력학적(geomorphdynamic)인 관점으로 연구가 새로이 진행되었다. 류호상(2001), 류완상(2002) 등은 해안사구의 형성에 관련된 환경인자들의 계측을 통하여 해안사구지형변화의 양상을 확인하고자 하였다. 한편 1970~1980년대에 제기되었던 장기간의 해안사구 지형변화에 대한 논의도 진행되기 시작하였다(강대균, 2003; Munyikwa *et al.*, 2004; 서종철, 2005; Munyikwa *et al.*, 2005; Yu *et al.*, 2009; 최광희, 2009; 홍성찬, 2009; 신영호·유근배, 2011). 한편 생물학 분야에서는 1980년대와 1990년대의 연구 성과를 잇는 연구들이 꾸준히 진행되었다. 이러한 연구들에는 정용규(2000), 정용규·김원(2000), 정용규·김원(2001), 변무섭·박준모(2002), 고성덕·박주영(2003), 안영희(2003), 최성철 등(2004) 등이 있다.

표 Ⅱ-3. 서해안 해안사구 관련 주요 연구

구분	연구
1970년대	·이창복, 1977, 서해안 비인 지역에 발달한 해안사구 퇴적층의 퇴적학적 특성에 관하여 ·박동원·유근배, 1979, 우리나라 서해안의 사구지형
1980년대	·권혁재, 1981, 태안반도와 안면도의 해안지형 ·김진일, 1981, 한국산 해안사구성 곤충에 관한 연구: (4) 서해안의 사구성 곤충상 ·이우철·전상근, 1984, 한국 해안식물의 생태학적 연구: 서해안의 사구식생에 관하여
1990년대	·홍정수·장남기, 1991, 인천 근해 도서지역의 해안식물 군락에 따른 세포성 점균의 출현과 분포 ·추연식 등, 1999, 해안식물의 유리아미노산과 질소함량
2000년대	·정용규, 2000, 한국과 일본의 순비기나무군강 ·정용규·김원, 2000, 한반도 해안임연군락의 분포특성 ·정용규·김원, 2001, 해당화군목의 군락분류학적 재고 ·환경부, 2001, 우리나라 사구 실태파악과 보전·관리 방안에 대한 연구 ·류호상, 2001, 겨울철 모래 이동과 전사구의 지형변화 ·김성렬 등, 2002, 신두리 해안 side scan sonar 해저면음향영상과 해저퇴적물 ·변무섭·박준모, 2002, 우이도 사구의 식물상 및 비오톱 보전에 관한 연구 ·류완상, 2002, 해안사구의 바람과 비사에 관한 연구 ·강대균, 2003, 충청남도 해안에 발달한 해빈과 해안사구 ·고성덕·박주영, 2003, 충남 보령군 신두리 사구의 Arbuscular Mycorrhizal Fungi(AMF)의 종조성과 분포에 관한 연구 ·안영희, 2003, 신두리 해안 사구지 식생의 식물사회학적 연구

표 II-3. 계속

구분	연구
2000년대	· 최성철 등, 2004, 해안 식물의 무기 및 유기용질 양상 · 김대현, 2004, 식생의 공간적 분포와 토양·지형·거리 요소들 사이의 관계에 관한 연구: 신두리 해안사구 지대를 사례로 · 민병미, 2004, 통보리사초(*Carex kobomugi Ohwi*)의 생육 특성 · Munyikwa *et al*, 2004, The development and luminescence chronology of a coastal dune from the Shindu dunefield, Taean peninsula · 유근배 등, 2005, 비사를 통해 신두 사구지대로 유입되는 주요 양이온의 규모와 공간적 패턴 분석 · 유근배·류호상, 2007, 한국 서해안의 해안사구: 지형학적 관점을 중심으로 · 전영문, 2007, 우이도 해안사구식생의 군락생태와 입지환경 · Kim *et al*., 2008, Identification and visualization of complex spatial pattern of coastal dune soil properties using GIS-based terrain analysis and geostatistics · Yu *et al*., 2009, Episodic coastal dune development in the Taean Peninsula and Anmyeon Island, Korea, during the mid to late Holocene · Rhew and Yu, 2009, Pattern of Aeolian Sand Transport and Morphological Change in the Foredune Ridge, Shindu Dunefield, Korea: A Case Study during the Winter, December 2000 to March 2001
2010년대	· 류호상, 2010, 세포자동자 기반 수치모형을 이용한 해빈-사구 단면의 중규모 지형변화 탐구; 모의실험과 사례를 중심으로 · 신영호·유근배, 2011, 홀로세 해안사구 성장기와 습윤-건조 조건 · 유근배 등, 2012, 신두해안사구지대로 유입되는 영양염류의 시공간적 특성

2000년대 중반에 이르러 해안사구 생태계의 주요 요소가 되는 지형·토양·수문·생물 간의 관계를 밝히려는 시도가 이루어졌으며, 본격적으로 "생태서식처로서 해안사구"의 기능을 이해하기 위한 노력이 진행되기 시작하였다. 이러한 연구들로는 김대현(2004), 민병미(2004), 송호경 등(2005), 강대균(2006), 김성환 등(2008), Kim *et al.*(2008), 류호상(2010), 유근배 등(2012)의 연구가 대표적이다.

2000년 이후의 연구 중에는 해안사구 보전에 관한 관심을 반영하여 사구복원 문제를 다루는 연구들도 수행되었다. 우선 우리나라의 사구 실태와 보전과 관리 방안을 도출하기 위한 연구(환경부, 2001)가 진행되었다. 하지만 이러한 연구들은 아직 초기적 성격에 머무르고 있다. 해안사구와 관련된 각 분야의 성과가 충분히 축적되어 있지 못하고, 해안사구 생태계를 이루는 각 요소의 관계에 대한 논의도 초기단계에 머물러 있다.

Ⅲ. 서해안 해안사구의 지형

지형의 변화는 보는 관점에 따라 지질학적 규모부터 매분 매초 단위의 시간 규모에 이르기까지 다양하다. "생태서식처로서 서해안의 해안사구"를 연구하는 과정에서 해안사구 지형이 어떻게 형성되어왔는지를 이해하는 것은 매우 중요하다. Ⅲ장의 앞부분에서는 서해안 해안사구의 장기간의 지형형성과정을 간단히 살펴볼 것이다. 그다음으로 "생태서식처로서 서해안의 해안사구"라는 주제에 더욱 접근하기 위해서 현재의 해안사구에서 벌어지고 있는 지형의 지형동력학적 특성을 살펴보아야 한다. 실제 해안사구 생태계의 중요한 구성요소가 되며 생물과 상호관계를 맺는 지형은 매우 역동적이다. 기본적으로 해안사구의 지형형성 과정은 해빈으로부터 공급되는 물질(모래)과 에너지(바람, 파랑)의 특성에 좌우된다. 퇴적물 이동은 해빈-해안사구로 이어지는 일련의 퇴적물 순환체계를 유지시키는 중요한 과정이며, 퇴적물 이동과 사구 지형변화 이곳에 서식하는 생물종들에게 큰 영향을 미친다.

1. 서해안 해안사구의 형성

서해안은 세계적으로 잘 알려진 육연대륙붕 바다(epicontinental sea)[1]인 황해의 동부와 동남부에 해당하며, 황해 서부해안(중국해안)보다 큰 조차를 나타내고 있다(박용안 등, 2001). 이러한 특성 때문에 서해안의 해안사구는 동해안이나 남해안의 해안사구와는 다른 특성이 있다.

해안사구는 해수면의 상승과 하강에 따라 변화를 겪는다. 해수면이 상승할 때 해안사구는 육지 방향으로 후퇴하고 해수면이 하강할 때 해안사구는 바다 방향으로 전진하는 것으로 알려졌지만, 다른 인자들도 해진·해퇴에 영향을 미친다. 최빙기(Last Glacial Maximum: LGM) 해수면은 현재보다 약 138~143m 낮았고, 황해는 육지상태였다(박용안 등, 2001). 서해안에서의 해수면의 변동은 다양한 견해가 있지만, 대체로 플라이스토세 마지막 빙기 이후 홀로세 동안 해수면 상승이 일어난 것으로 보고 있다. 장진호 등(1996)은 서해안의 곰소만 해역에서 지난 7000년 전에 평균해수면은 현재의 해수면 약 6.5m 아래에 위치하였고, 7000여 년 동안 큰 진동 없이 지속해서 상승하여 현재의 수준에 도달한 것으로 간주하였다. 4000년 전에는 현재보다 3m, 2000년 전에는 약 2.5m 낮았고, 5000년 전까지 매우 빠르게 상승하다가 5000~2000년 전 사이에 매우 완만한 상승을, 2000년 전 이후에는 다시 빠르게 했다고 설명한다.

그러나 조화룡 등(1994)과 황상일·문순옥(1998), 신동혁(1998)은 서해안의 아산만 지역과 일산지역의 해안 퇴적층 연구를 통하여 홀로세 동안의 해수면이 소폭의 상승과 하강을 반복하는 진동을 보이며 상승하였다고 주장한다. 이상의 관점을 고려한다면, 해안사구 또한

1. 대륙 지괴의 위쪽에 있는 얕고 넓은 바다를 뜻한다.

대체로 해수면 상승과 더불어 육지 방향으로 이동해서 현재의 모습을 보이는 것이라고 판단된다. 해수면이 상승과 하강을 하였다는 견해가 옳다면 해안사구가 바다 방향으로 확장했던 시기가 있었을 것이다. 그러나 해안사구의 형성은 풍향이나 풍속 등의 기후변화와 주변지역으로부터의 퇴적물 유입의 변화가 동시에 고려되어야 해안사구는 해수면이 상승할 때와 하강할 때 모두 발달할 수 있다고 알려져 있다(e.g., Pye and Bowman, 1984; Christiansen *et al.*, 1990).

박동원·유근배(1979)는 태안군의 신두 해안사구와 운여 해안사구의 고사구층을 대상으로 홀로세 초기에 형성되었다는 추정을 하였다. 서해안 해안사구의 형성에 대한 다양한 연구가 진행되었다(표 Ⅲ-1). 서해안 해안사구의 형성시기 논의에서 고사구층은 주요한 대상이다. 고사구층의 형성에 대하여 홀로세 중에 형성되었다는 입장과 플라이스토세 동안에 형성되었다는 견해로 나뉜다(박동원·유근배, 1979). 최종빙기가 끝난 홀로세 초기 또는 해수면의 상승으로 인한 고해면기에 형성되었다고 주장한다. 후자는 최종빙기 동안 주빙하 환경에 노출되어 형성된 주빙하 결빙 구조를 증거로 최후 간빙기에 사구가 형성되었다고 주장한다(권혁재, 1981; 강대균, 2003). 그러나 이러한 논의에서는 사구퇴적물에 대한 직접적인 연대측정이 이루어지지 않았다. 사구지형의 형성시기를 밝히는 과정에는 연대의 측정이 필수적이다. 하지만 서해안의 해안사구 퇴적층에는 연대측정방법으로 널리 이용되는 탄소연대측정 방법을 위한 유기물층이나 토탄층이 쉽게 발견되지 않아 직접적인 연대측정이 힘들었다. 하지만 2000년대 중반 이후 광여기루미네선스연대측정(OSL, optically stimulated luminescence dating) 방법을 이용한 소개되면서 해안사구 퇴적물에 대한 직접적인 연대측정의 결과가 제시되고 있다.

Munyikwa *et al.*(2004)는 신두 해안사구의 전사구층의 지표 아래 3.5m에서 OSL 연대측정을 실시하여 약 500 yr BP의 결과를 얻어,

표 III-1. 서해안 해안사구 퇴적의 추정(측정) 연대(서종철, 2005 참고수정)

저자	대상지역	추정(측정)연대	대상
권혁재(1981)	천리포, 만리포	플라이스토세	고사구층
강대균(2003)	신두리, 천리포, 무창포 등	플라이스토세	고사구층
Munyikwa *et al.*(2004)	신두리	약 500 yr BP	전사구 퇴적물(지표 아래 3.5m)
서종철(2005)	신두리	680~730 yr BP	고사구층 하부 퇴적물
Munyikwa *et al.*(2005)	장곡리	4.7~5.5K yr BP (Climatic Optimum 이전)	2차 사구 퇴적물(지표 아래 3~5m)
Yu *et al.*(2009)	장곡리, 병술안	4~4.4K yr BP 1.5K yr BP	2차 사구 퇴적물(지표 아래 2~8m) 2차 사구 퇴적물(지표 아래 2m)

신두 해안사구는 과거 1000년 동안에도 활발하게 퇴적되었다고 주장했다. 이러한 결과는 서해안의 해안사구를 과거의 화석지형으로 보던 관점에 대한 전환을 일으켰으나 측정 장소와 깊이의 문제로 해안사구의 초기 형성에 관한 내용을 살펴보기에는 한계가 있다. 이후 서종철(2005)은 과거 플라이스토세 시기에 형성되었을 것으로 추측되던 신두 해안사구의 고사구층에서 하부 사구퇴적물에 대한 OSL 연대측정으로, 고사구층이라고 불리던 층이 680~730 yr BP의 비교적 최근에 토양화 과정을 통해 형성된 것으로 설명하였다. 한편 Munyikwa *et al.*(2005)은 안면도 장곡 해안사구의 지표 아래 3~5m에서 채취된 퇴적물들이 4.7~5.5K yr BP의 절대연대로, 홀로세 기후최적기(Climatic Optimum)와 고사구층의 형성이 연관성이 있을 것으로 판단하였다. 필자의 연구(Yu *et al.*, 2009)에 따르면 장곡리 해안사구의 2차 사구 퇴적물(지표 아래 2~8m)은 4~4.4K yr BP로 나타나 Munyikwa *et al.*(2005)의 측정값과 유사한 결과를 얻었다. 결과에 대한 검토가 더 진행되어야 하지만 현재로서는 장곡리 운여 해안사구의 2차 사구의 퇴적은 기후최적기 이후 해수면의 일시적인 하강국면에 접어듦에

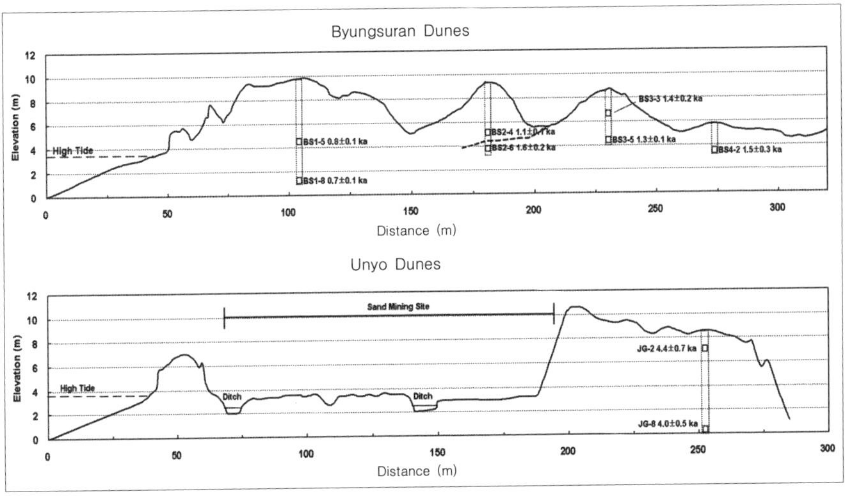

그림 Ⅲ-1. 병술안 사구지대(Byungsuran Dunes)와 운여 사구지대(Unyo Dunes)의 OSL 연대(Yu et al., 2009)

따라 해안사구의 퇴적이 활발히 진행되어 해안 쪽으로 확장이 일어난 것으로 보인다(Wilson *et al.*, 2001). 한편 필자가 안면도 병술안 해안사구의 사구열을 따라 OSL 연대측정을 한 결과(Yu *et al.*, 2009), 2차 사구지대 뒷부분의 지표 아래 2m 지점에서 얻어진 사구퇴적물은 1.5K yr BP로, 해안선에 가까울수록 가면서 연대측정값들이 점차 줄어드는 것으로 나타났다(그림 Ⅲ-1). 해안사구의 형성은 그림 Ⅲ-2와 같이 간헐적인 특성을 보이며 성장한 것으로 나타나는데, 이러한 특성은 해수면의 요동이나 동아시아 몬순의 변화 등과 관련이 있다고 판단된다. 유근배(2011)이 제시한 것과 같이 서해안 해안사구의 성장기는 주변 해안환경의 건조화에 따른 식피율의 감소와 임계풍속의 감소도 주요한 요인이 될 수 있다.

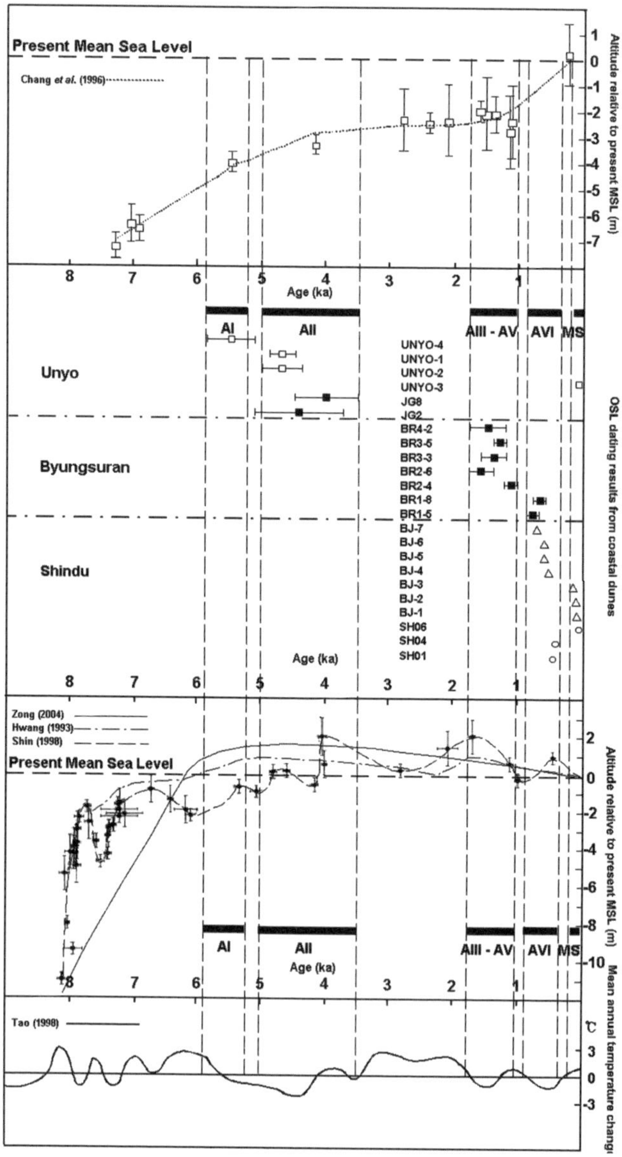

그림 Ⅲ-2. 서해안 해안사구의 형성과 해수면 변동 및 기후변화와의 관계(Yu *et al.* 2009)

연대측정을 이용하여 해안사구의 퇴적시기를 밝히는 연구를 종합하면, 해안사구들은 홀로세 이후 해수면이 현재 위치로 상승하는 과정에서 형성되었다고 판단된다. 태안군을 중심으로 형성된 해안사구들은 국지적인 위치나 지형, 해황에 따라 형성시기에서 약간의 차이가 있겠지만, 홀로세 이후 해수면이 현재 수준으로 상승한 시기에 형성되기 시작하여, 이후 소빙기나 소간빙기와 같은 소규모의 기후변화나 해면변동 속에서 국지적으로 퇴적률이 변화되면서 형성된 것으로 추측된다.

지금까지 살펴본 서해안의 해안사구 형성과 발달 시기는 "생태서식처로서 해안사구"의 논의와는 다소 거리가 있다. 일반적으로 생물은 서식공간의 변화에 따라 진화나 천이, 도태의 과정을 거치게 된다. 해안사구 지형의 변화과정은 장기적 관점에서 생물계의 변화과정을 이해하는 데 중요한 역할을 할 수 있다. 해안사구의 생물활동에 따라 사구의 형성, 변화과정이 달라질 수 있다. 특히 식생의 조성이나 특정 종의 도입과 같은 변화는 해안사구 형성과정에 영향을 미친다. 해안사구 지형형성과 생물활동의 관계를 살펴보기 위해서는 더욱 세부적인 규모의 접근이 필요하다. 이러한 측면에서 현재 해안사구 지형의 지형동력학(morphodynamics)적 과정을 살펴볼 필요가 있다.

2. 서해안 해안사구의 지형과 지형동력학적 프로세스[2]

해안사구로 유입되는 모래는 주로 해안사구의 전면에 형성된 해빈에서 공급되며 해안사구 내에서도 모래의 재동(再動, reworking)에 의해

2. 해안사구에서 일어나는 지형동력학적 프로세스에 대한 좀 더 자세한 내용은 유근배·류호상(2007)을 참고하기 바란다.

발생한다. 운반될 모래의 침식은 바람의 세기와 모래의 상태 등과 관련이 깊다. 모래가 움직이는 초기단계에 영향을 미치는 것은 양력(揚力, lift force)과 견인력(牽引力, drag force)이다. 양력은 바람이 모래입자의 위로 불게 되면 모래입자의 위의 풍속 분포가 균일하지 않기 때문에 베르누이의 원리[3]에 따라 발생하게 되고 견인력은 바람이 불 때 모래입자표면의 조도(roughness)와 마찰에 따라 그 크기가 정해진다. 입자 간에 응집력이 없거나 이동할 수 있는 퇴적물인 경우, 바람의 세기가 강해져서 모래가 노출된 부분의 임계값보다 큰 전단응력(剪斷應力, shear stress)을 받게 되면 각각 입자는 움직이기 시작한다. 이 시점에 모래에 작용하는 전단응력을 '임계전단응력(臨界剪斷應力, threshold shear stress)'이라 부르고 이때의 풍속단면 기울기로부터 얻어지는 전단속도를 '임계전단속도(臨界剪斷風速, threshold shear velocity)'라고 부른다. 임계전단속도(U*t)는 모래와 공기의 밀도, 모래 알갱이의 크기, 그 밖의 지면의 특성에 의해 다음과 같은 관계식에 의해 결정된다(Bagnold, 1941; Masselink and Hughes, 2003).

$$u_{*_t} = A\left[gD\left(\frac{\rho_s - \rho_a}{\rho_a}\right)\right]^{0.5}$$

수식 Ⅲ-1. 임계전단속도

u*t는 임계전단속도(m/s), D는 모래입경(m)
ρs는 모래의 밀도 = 2,650kg/㎥
ρa는 공기의 밀도 = 1.22kg/㎥
g는 중력가속도 = 9.81m/s2
A는 실험계수로 보통 0.1

3. 유체가 흐르는 속도와 압력의 관계를 수량적으로 나타낸 법칙으로 유체가 좁은 곳을 흐를 때 속력이 증가하고 압력은 감소하고, 넓은 통로를 흐를 때는 속력은 감소하고 압력이 높아지는 현상을 설명한 것이다.

해안사구에서 풍속이 임계전단속도를 넘게 되면 모래는 부유(浮游, suspension),[4] 도약(跳躍, saltation),[5] 그리고 포행(匍行, surface creep)[6]의 형태로 이동한다. 부유는 모래 크기의 입자에서는 잘 일어나지 않아, 일반적으로 해안사구의 지형변화 과정에 큰 영향을 주는 것은 도약과 포행이다. 모래입자가 바람으로 인한 공기 역학적인 양력에 의해, 혹은 지면에서 포행 방식으로 이동하던 입자들 사이의 충돌로 공기 중으로 튀어오르면, 튀어오른 입자들은 바람에 의해 일정 거리를 이동하다가 중력의 영향으로 지면으로 떨어지게 된다. 지면으로 떨어지는 입자와 지면의 입자들이 충돌하게 되면 더 많은 입자들이 공기 중으로 튀어오른다. 이와 같은 과정이 연쇄적으로 일어나면서 모래입자가 이동하는 것이 도약이다(그림 Ⅲ-3).

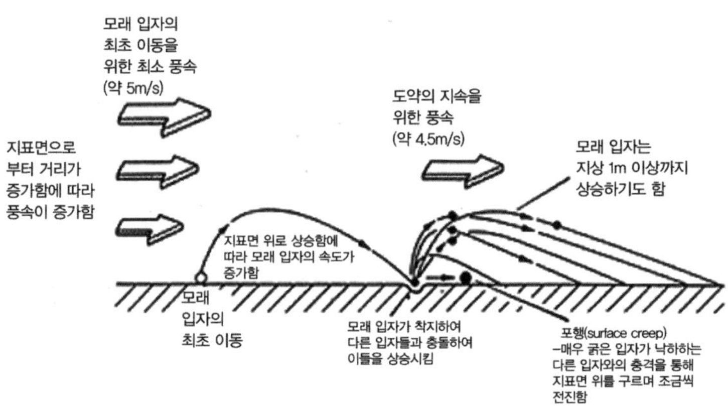

그림 Ⅲ-3. 도약에 의한 모래이동의 원리(유근배·류호상, 2007; Pethick, 1984 재구성)

---

4. 모래나 기타 퇴적물이 바람이나 유수에 의해 이동할 때 유체 중에 떠 있는 상태로 이동하는 방식을 지칭한다.
5. 모래나 기타 퇴적물이 바람이나 유수에 의해 개별적으로 길게 뛰면서 이동하는 방식을 지칭하는 말이다. '도약(跳躍)'으로 번역하기도 하나 '샐테이션'이라고 표현하기도 한다.
6. 모래가 지표면으로 구르면서 이동하는 방식을 지칭한다.

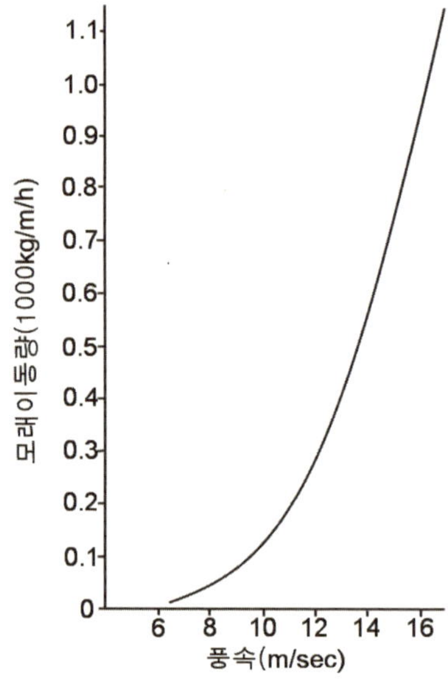

그림 Ⅲ-4. 풍속에 따른 모래이동량(Bagnold, 1941 재구성)

일단 모래입자의 이동이 일어나게 되면 바람의 영향을 받지 않는 일정 높이의 경계층(surface roughness)이 형성된다. 도약은 충돌로 튀어오르는 입자 중 경계층을 통과하는 입자들을 중심으로 진행되게 되고, 충돌로 튀어오르는 입자가 경계층을 통과하여 바람의 영향을 받게 되면 바람에 의한 입자의 이동은 계속되지만, 바람의 힘이 약해지거나 조도가 커져서 충돌로 튀어오른 입자가 경계층을 통과할 수 없게 되며 이동하던 입자는 퇴적된다. 모래의 운반은 이처럼 풍속과 관련이 높아서 풍속에 따라 모래이동량이 결정된다. Bagnold (1941)는 식생이 없는 사막에서의 모래이동량과 풍속과의 관계를 그림 Ⅲ-4와 같이 설명하였다. 그림에서 풍속이 증가하면 모래이동량이 기하급수적으로 증가하는 것을 알 수 있다.

앞에서 설명한 모래의 이동과 퇴적은 매우 이상적인 조건에서 구해진 것이다. 실제의 해안사구에서 풍속 이외에 모래의 이동과 관련해 고려해야 하는 요인들에는 지형의 경사, 모래입자 간의 응집력, 모래 입도의 특성, 강수와 표면 함수율, 그리고 식생의 영향 등이 있다. 미지형의 경사가 급해지게 되면 일반적으로 모래의 이동이 급속하게 감소하고 퇴적이 일어난다. 모래입자의 크기와 그 분포에 따라 모래이동의 양태도 달라지는데 모래의 입자가 크면 더 빠른 바람이 불어야 한다. 한편 강수 현상으로 인해 함수율이 높아지거나 생물의 작용으로 모래입자 간의 응집력이 커지면 모래의 이동은 줄어든다. 식생은 해안사구의 표면조도를 급격하게 증가시켜 풍속을 저하되고 모래이동을 감소시키는 역할을 한다. 따라서 모래의 이동 메커니즘을 살피기 위해서는 지역적인 차원에서의 접근이 필요하다. 다음에서는 우리나라 서해안에서 진행된 연구를 통하여 우리나라 서해안 해안사구에서 모래이동의 지형동력학적 측면을 살펴본다.

서해안의 해안사구는 Ⅱ장에서 살펴본 것과 같이 주로 외해로 노출된 반도나 섬에서 잘 나타난다. 해안사구가 형성된 곳의 지형 조건은 크게 두 가지로 나누어 볼 수 있는데, 포켓비치가 발달한 곳이나 해빈의 전면부에 사질간석지가 발달한 곳이다. 이러한 조건 속에서 서해안 해안사구의 형성은 국지적인 지형의 영향이나 식생 피복의 변화 등과 어울려 매우 다양한 특성을 보인다.

해안사구의 모래 공급원이 되는 서해안 해빈의 경사는 매우 완만하다. 서해안 주요 해빈의 경사는 지역에 따라 다소 차이가 있지만 육지 방향에서 바다 방향으로 이행하면서 경사가 줄어 凹형(concave)을 이루며 육지 쪽은 2.6~18.7%의 경사도[7]를 보이며, 바다 쪽에 가까운 부분은 0.6~4.0%이다(표 Ⅲ-2). 서해안에 위치한 해빈의 경사가 완만

7. 1%의 의미는 육지 쪽에서 바다 쪽으로 100m를 갔을 때 고도가 1m 낮아지는 것을 의미한다. 경사(%)=(고도차/거리)×100

표 Ⅲ-2. 서해안 주요 해빈의 해빈경사

위치	해빈경사도(%)	출처
태안군 원북면 신두해빈	· 전빈(foreshore): 1.1～1.9 · 후빈(backshore): 3.7～18.7	류호상(2001)
태안군 고남면 운여해빈	· 0.6～1.2	태안군(2005)
태안군 소원면 만리포해빈	· 저조위 단구(low tide terrace): <4.0 · 해빈면(beach face): 6.2～7.1	성효현·방경화(2005)
태안군 남면 몽산포해빈	· 전빈(foreshore): 1.4 · 후빈(backshore): 2.6	오재경·금병철(1988)
홍성군 서부면 궁리해빈	· 니질 조간대: 1.1～1.2 · 고조선 부근 해빈: 13.6～17.1	류상옥·장진호(2005)
신안군 임자면 대광해빈	· 중·저조 해빈 (middle and low tide beach): ≦3.6 · 고조 해빈 (high tide beach): 6.0～11.1	류상옥 등(2004)

주: 성효현·방경화(2005), 류상옥 등(2004), 류상옥·장진호(2005) 등은 도(°)를 경사도(%)로 변환, 태안군(2005)과 오재경·금병철(1988)은 해빈단면도에서 해빈경사도(%)를 추출

하기 때문에 간조 시 대기 중에 노출되는 부분과 해빈 폭이 증가한다. 취송거리(fetch)가 길어져 모래의 이동량을 증가시키는 여건이 마련된다.

서해안 해안사구의 퇴적물 특성은 해안사구의 형성 메커니즘을 이해하는 또 다른 변수가 될 수 있다. 환경부에서 2001년에 조사한 "우리나라 사구 실태파악과 보전 관리 방안에 대한 연구"의 부록인 "우리나라 해안사구의 목록"에 제시된 조사표에서 입도 분석자료만을 따로 정리한 것이 표 Ⅲ-3이다.

표 Ⅲ-3. 서해안 해안사구 퇴적물 특성(환경부, 2001 재구성)

구분	이름	입도평균	분급도	구분	이름	입도평균	분급도
경기	방아머리(1)	1.40	0.55	충남	열목	2.30	0.34
	구봉	1.68	0.77		장삼포	1.62	1.53
충남	사목	1.48	0.46		바람아래	2.04	0.55
	학암포	1.11	0.81		월전	1.21	1.75
	구례포	1.61	0.47		독산	1.73	0.75
	신두	2.18	0.54		소당	2.57	0.36
	십리포	1.47	0.40		춘장대	2.08	0.47
	천리포(1)	1.48	0.48		신합	1.76	0.44
	천리포(2)	1.68	0.42		선도	2.03	0.48
	만리포	1.25	0.47		장포	1.77	0.50
	모항	1.83	0.52		다사	1.99	0.45
	도장	2.26	0.43		죽산	1.82	0.56
	연포	2.12	0.57		옥남	1.46	0.57
	황골	2.08	0.47		송림	2.14	0.50
	해낮이	2.27	0.40	전북	장신[8]	−0.51	2.03
	몽산포구	1.32	0.76		변산	1.41	0.68
	몽산포	2.36	0.81		고사포	0.86	0.44
	청포대	2.62	0.43		상록	1.76	0.79
	원청	2.18	0.41		모항	1.72	0.44
	신온3리	2.34	0.45		동호	1.69	0.96
	화양염전	1.96	0.40		광승	1.61	0.70
	백사장	2.20	0.36		명사십리	1.94	1.01
	삼봉	2.09	0.40		구시포	1.94	1.01
	안면	2.25	0.46	전남	송석	1.05	0.95
	승언	2.35	0.36		덕산	1.06	0.67
	꽃지	2.18	0.34		홀통	0.59	1.11
	중장	2.12	0.38		송현	1.07	0.87
	샛별	2.15	0.47		조금나루	0.94	0.85
	항개	2.31	0.62	총 57개[9]	평균	1.79	

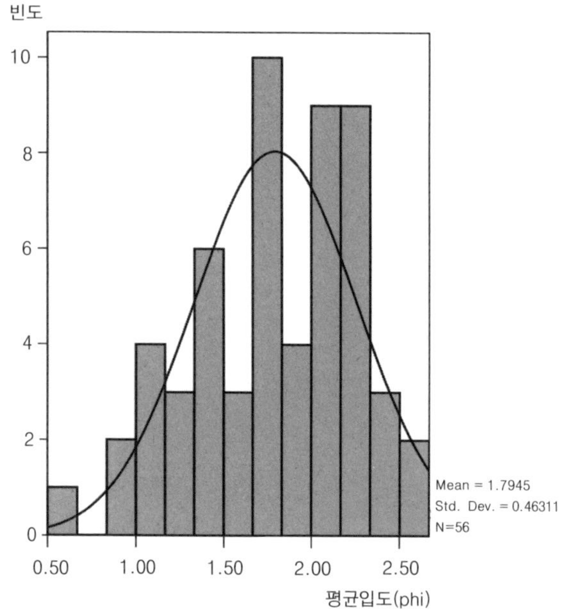

그림 III-5. 서해안 해안사구 퇴적물의 평균입도 히스토그램(환경부, 2001 재구성)

전북의 장신 해안사구를 제외한 총 56개 지점의 입도평균값의 평균은 1.79Φ를 보이고 중간값은 1.825Φ이며, 95%의 범위는 0.928~2.391Φ[10]의 분포를 보인다(그림 III-5). 한편 퇴적물의 입도평균은 지역별로 차이가 있는 것으로 조사되었다(그림 III-6). 충남은 비교적 많은 지역이 포함되어 입도평균의 분포범위가 넓지만 전체적으로 다른 지역에 비해 세립한 특성이다. 한편 전남은 다른 지역에 비해 조립한 특성을 나타낸다.

---

8. 입도평균의 값이 지나치게 커 예외 값으로 판단하여 분석 시에는 배제하였음.
9. 목록에는 서해안에 있는 해안사구가 60개로 나와 있으나 실제 퇴적물 분석이 시행된 곳은 57개소임.
10. mm로 환산하면 0.5256~0.1907mm

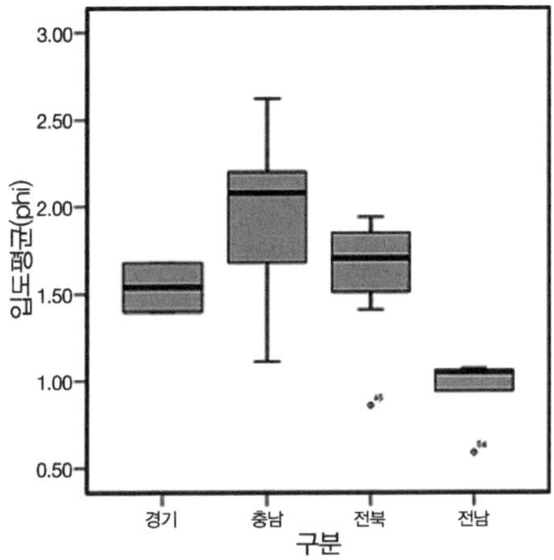

그림 Ⅲ-6. 지역별 해안사구 퇴적물의 차이(환경부, 2001 재구성)

서해안 해안사구에서 조사된 입도평균의 분포의 95% 범위의 경계값을 앞에서 제시한 식 Ⅲ-1에 대입해서 모래가 움직이기 시작하는 임계전단풍속의 범위를 구하면, 다른 조건이 모두 같다는 가정에서 모래가 이동하기 시작하는 풍속은 0.22~0.37m/s가 된다. 하지만 임계전단풍속은 지표면에서의 풍속을 가정하는 것으로 실제 관찰되는 풍속과는 차이가 있다. Horikawa(1988)은 풍속과 고도와의 관계를 다음과 같이 제시하였다.

$$V_z = \frac{V \times \ln(\frac{Z}{Z_0})}{K}$$

수식 Ⅲ-2. 풍속과 고도의 관계

Z: 풍속측정고도

Z_0: 사구모래의 조도장(roughness length)

K: 폰 카르만 상수(=0.4)

수식 Ⅲ-2를 이용하여 기존에 구한 값을 기상관측 기준인 10m로 환산하면 3.8~6.4m/s[11]이다. 이것은 서해안의 해안사구가 형성되는 풍속조건을 의미한다. 서종철(2001)은 신두 해안사구에서 위의 추정방식과 비슷하게 6m/s로 보고 이 이상의 풍속이 관측되는 시기를 모래이동이 일어나는 시기로 보고 연구에 이용하기도 하였다. 하지만 실제 모래이동에 미치는 영향은 단순히 모래 입도의 특성으로만 결정되는 것이 아니므로 이 값은 과소 추정되었을 가능성이 있다. 류완상(2002)은 모래 입도평균이 비교적 작은 편에 속하는 신두 해안사구(2.18Φ)에서 지상 1m 높이의 풍속계를 이용하여 실측한 자료와 모래가 이동한 것을 비교하여 지상 1m에서의 임계풍속이 4.3m/s일 때 모래가 이동하였으며 이를 10m 높이로 환산하여 6.5m/s라고 제시해, 앞에서 구한 3.8~6.4m/s의 범위를 넘어서는 것을 확인할 수 있었다.

퇴적물 표면의 수분함량으로 실제 모래가 이동하기 시작하는 풍속이 높아지는 것을 설명할 수 있다. 일반적으로 모래가 젖어 있으면 수분 때문에 표면장력이 증가하고 지표의 조도가 감소하게 되어 모래를 움직이기 시작하는 풍속이 증가하게 된다. Goldsmith *et al.*(1990)의 연구에서는 수분함량이 약 2~3%만 증가해도 임계전단속도가 급격히 증가한다. Bauer *et al.*(1990)은 수분함량이 4%가 증가하면 임계전단속도가 약 0.6m/s가 증가한다고 보고하였다. 서해안 해안사구에서 수분함량과 모래의 이동을 직접 조사한 사례로, 류완상(2002)은 신두 해안사구에서 평균풍속 6.3m/s에서 바람에 의해 모래가 운반되는 해빈의 수분함량은 0.23%였고 운반되지 않는 곳의 수분함량은 1.03~1.14%인 것을 확인하여 두 지점 간에 뚜렷한 차이를 있다고 밝혔다.

---

11. Z_0를 경험적으로 0.01로 대입하였음.

그림 Ⅲ-7. 태안군 운여해빈(위)과 학암포해빈(아래)의 모래둔덕-물골구조(ridge-runnel system)(촬영: 신영호)

간조 시 사진의 중앙에 있는 모래둔덕(ridge)에서는 퇴적물이 쉽게 건조가 되며, 물골(runnel)을 따라 지하수 등의 수분이 배수되는 것을 확인할 수 있다.

서해안 해빈은 외형적으로 매우 평탄한 것처럼 보이지만 실제 모래둔덕-물골구조(ridge-runnel system)의 미소기복이 발달한 경우가 많다(그림 III-7). 이러한 미소기복의 발달은 지표퇴적물의 수분함량과 관련하여 해안사구의 형성에 유리하게 작용한다. 모래둔덕-물골구조에서 모래둔덕은 간조 때 배수가 상대적으로 활발하여 모래 이동의 가능성을 높인다. 결국 일정 정도의 풍속에 도달하면 모래둔덕을 중심으로 모래의 이동이 시작되게 되어 해안사구의 발달에 기여한다. 하지만 이에 대한 본격적인 연구는 아직 수행되지 못하고 있어서, 모래둔덕-물골구조가 지표퇴적물의 수분함량에 미치는 영향과의 관계나 이것이 해안사구이 형성에 기여하는 정도는 서해안 해안사구에서 추후 진행될 중요한 연구주제라고 할 수 있다.

3. 서해안 해안사구의 지형과 생물

해안사구에서 지형과 생물 간의 상호작용은 다양한 유형으로 일어난다. 예를 들면 해안사구에서 퇴적은 식생에 의하여 강화되는 반면, 퇴적이 강화되면 식생의 생존은 위협을 받게 된다. 한편 식피율이 매우 높아지면 식생의 서식처 내에서 모래의 이동이 아예 일어나지 않기도 한다. 따라서 지형과 생물 간의 상호작용은 매우 복잡하여 어떠한 요소가 일방적으로 영향을 준다고 말할 수 없다. 지형이 생물의 서식처를 이루는 중요한 바탕이 되어 생물의 분포와 생장을 제어하는 요소가 되기는 하지만, 생물도 지형변화를 일으키는 요인이 되어 자신의 서식환경을 개척해나가는 역할(ecological engineer)을 수행한다(Jones *et al.*, 1994; van Breeman and Finzi, 1998).

장기간의 시계열적 측면에서 식생피복의 변화와 지형 형성과정은 밀접한 관계가 있다. Jungerius and van der Meulen(1988)은 해안사구에서 지형프로세스와 생물프로세스는 서로 반비례하는 관계로 보았다(그림 III-8). 즉, 모래의 침식·운반·퇴적 프로세스와 같은 지형프로세스가 강한 곳에서는 식생의 생장이나 천이, 동물의 서식 등과 같은 생물프로세스가 줄어들고, 반대로 식피율의 증가와 같은 생물프로세스가 왕성하면 바람에 의한 모래의 이동과 같은 지형프로세스가 감소한다는 것이다. Jungerius and van der Meulen(1988)은 이러한 관계에 따라 해안사구의 유형을 세 가지로 구분하였다. 유형 I은 지형프로세스가 강하여 취식와지(吹蝕窪地, blowout)나 이동(shifting) 사구가

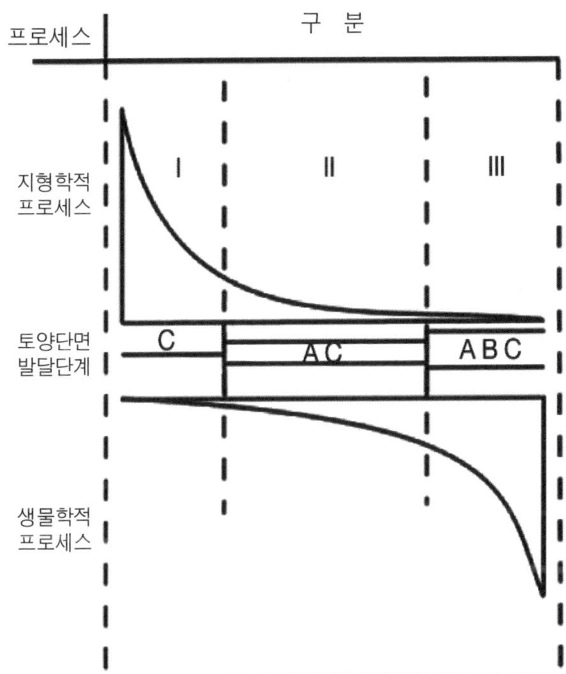

그림 III-8. 해안사구 생태계의 유형(Jungerius and van der Meulen, 1988 재구성)

만들어지고 열악한 환경에 적응한 식생만이 존재하며, 토양단면12이 형성되지 않는 사구이다. 유형 II는 지형프로세스와 생물프로세스의 조화로 특성 지어지며, 두 프로세스 간에 상대적인 균형을 통하여 생태적 다양성이 결정되는 사구이다. 이 유형의 해안사구에서는 지형프로세스가 강하지 못하여 급작스럽게 새로운 지형이 만들어지기 힘들며 생물프로세스 또한 현저하지 못해 완전히 식피로 덮이지는 않는다. 또한 토양유기물이 증가하여 토양단면에 A층이 형성되고, 이러한 A층은 모래의 유입 정도에 따라 매몰이 되어 지표 아래에 암색의 층을 형성하기도 한다. 유형 III에서는 식생의 피도가 증가하여 지형프로세스가 거의 일어나지 않고, 식생이나 토양미생물의 활동으로 의하여 A-B-C의 토양단면이 형성된다.

유형의 변화는 시계열적인 측면에서 일어날 수 있지만, 하나의 사구지대 안에서도 공간적으로 분화할 수 있다. 유형 I은 해안에서 가까운 전사구에 주로 나타나게 되고, 유형 III은 식생피복이 완전히 이루어진 내륙 쪽의 사구에서 형성된다. 유형 II는 이 두 유형의 중간 위치에 존재하게 된다. 한편 작은 공간적 범위 내에서 내에서도 유형의 변화를 관찰할 수 있다. 예를 들면 유형 II의 해안사구 내에서 취식와지의 형성 등을 통해 유형 I이 나타나기도 하고, 관목이 패치를 이루며 성장하는 경우 하부에 유형 III이 나타나기도 한다.

Jungerius and van der Meulen(1988)이 제시한 사구유형을 통해 서해안의 해안사구를 살펴보면 일부 해안사구를 제외하면 생물의 활동이 극히 제한적인 미피복사구보다는 다양한 식생으로 피복된 경우가 많다. 그래서 현재 관찰할 수 있는 해안사구는 대부분 유형 II 또는 III에 속하는 것으로 판단된다. 하지만 과거의 문헌이나 지역주민의 경험을 확인해보면 과거에는 미피복사구인 경우도 많았었다.

---

12. 사구의 토양에 대해서는 IV장에서 자세히 다룰 예정이다.

신두 해안사구 등의 일부사구를 제외한 대부분의 해안사구는 현재 외형적인 형태는 유형 III으로 판단할 수 있다. 이는 자연적인 프로세스보다는 인위적인 영향에 의한 것이다. 1950년대 이후 실시된 방사림 조성사업 때문에 대부분의 해안사구는 대규모 식재가 이루어졌다. 미피복 해안사구는 1952년에는 전국적으로 6,000ha에 달했으나(이천룡, 2001), 바람에 날린 모래에 의한 매몰의 피해를 막기 위해 1955년부터 1978년까지 2,200여 ha의 면적에 해안사방, 즉 해안사구를 고정하는 사업이 대대적으로 시행되었다. 그리고 일부 식재지역은 해안림 보호를 위해 비사방비보안림(飛砂防備保安林, sand damage protection forest)[13]으로 지정되기도 하였다(이천룡, 2001). 그 이후에도 방사림은 꾸준히 조성되었다(그림 III-9, 10, 11, 12).

방사림의 조성은 경작지나 주거지로의 모래의 이동을 제한하는 효과가 있는 것은 분명하나, 해안사구 생태계의 유지 측면에서는 논란이 될 수 있다. 퇴적물의 유동성을 급격히 줄어들게 하여 고유의 모습을 잃어버리는 결과를 가지고 왔다고 볼 수도 있다. 하지만 이러한 내용은 아직은 논의에 그치고 있는 형편으로 지형프로세스와 생물프로세스 간의 동적 변화에 대한 연구가 선행되어야 할 것이다. 직접적인 연구는 아니지만 서종철(2001)의 연구는 양자의 관계에 대한 실마리를 제공해준다.

서종철(2001)은 신두 해안사구를 대상으로 지형변화의 장·단기간 패턴을 파악하고자 하였는데 이러한 패턴은 식생피복의 변화가 중요한 요인으로 작용한 것으로 보았다. 1967년부터 1998년 사이에 촬영된 다섯 세트의 항공사진 분석을 통하여 신두 해안사구에서 삼림면적의 증가는 자연적인 천이과정보다는 1960년대 이전과 1980년대 중반에 경작지 보호를 위한 인위적인 조림사업의 영향을 더 크게 받았다고 주

13. 해안의 비사지대로서 비사 또는 해풍으로 내륙지방의 가옥 및 농경지, 기타의 시설 보호를 위하여 필요하다고 인정되어 산림법에 따라 보안림으로 지정된 산림

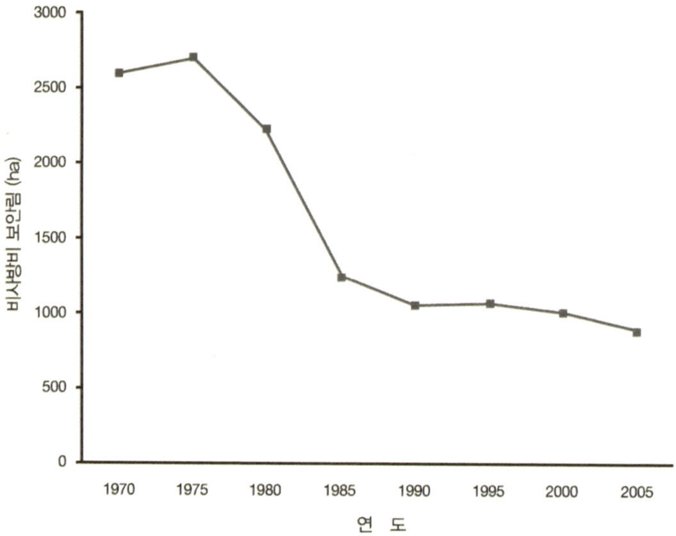

그림 Ⅲ-9. 전국 비사방비보안림 지정 추이(산림청 임업통계연보, 1970-2005 재구성)

그림 Ⅲ-10. 옹진군 대청면 대청리 해안사방 시공 전(위), 시공 후(아래)(1994) (이천룡, 2001)

그림 Ⅲ-11. 안면도 병술안 해안사구에 조성된 방사림(촬영: 신영호)

그림 Ⅲ-12. 안면도 삼봉 해안사구에 조성된 방사림
(http://earth.google.com)
중앙에 길게 보이는 임야지역은 과거 미피복 사구가 방사림으로 조성된 사구지역이다.

장하였다(그림 Ⅲ-13).

미피복사구의 면적의 감소는 조림사업의 영향을 받았을 뿐만 아니라, 사구지대 중앙부를 중심으로 미피복사구가 배후산지 쪽으로 이동하면서 빠르게 초지로 전환되는 과정을 겪은 것으로 판단하였다.

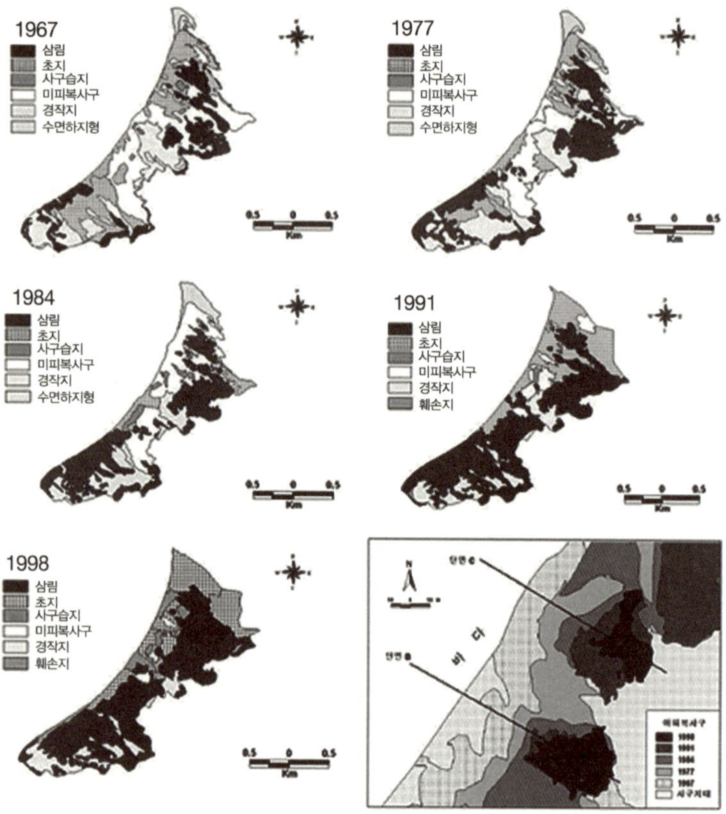

그림 Ⅲ-13. 신두 해안사구의 토지피복 변화(서종철, 2001 재구성)
오른쪽 아래의 상자 그림은 해안사구의 중앙부의 미피복사구의 변화를 나타낸 것이다.

1977년까지는 해빈으로부터의 모래유입이 활발하여 전사구 부분에서 성장이 일어났으며, 그 후 모래의 유입량이 지속해서 감소하면서 전사구의 성장이 중지되었고, 전사구 부분에서 침식된 모래가 이동되어 후면에서 2차 사구를 형성하며 배후산지 쪽으로 점차 이동하게 되었다. 2차 사구의 이동에 따라 전사구와 2차 사구 사이에 사구저

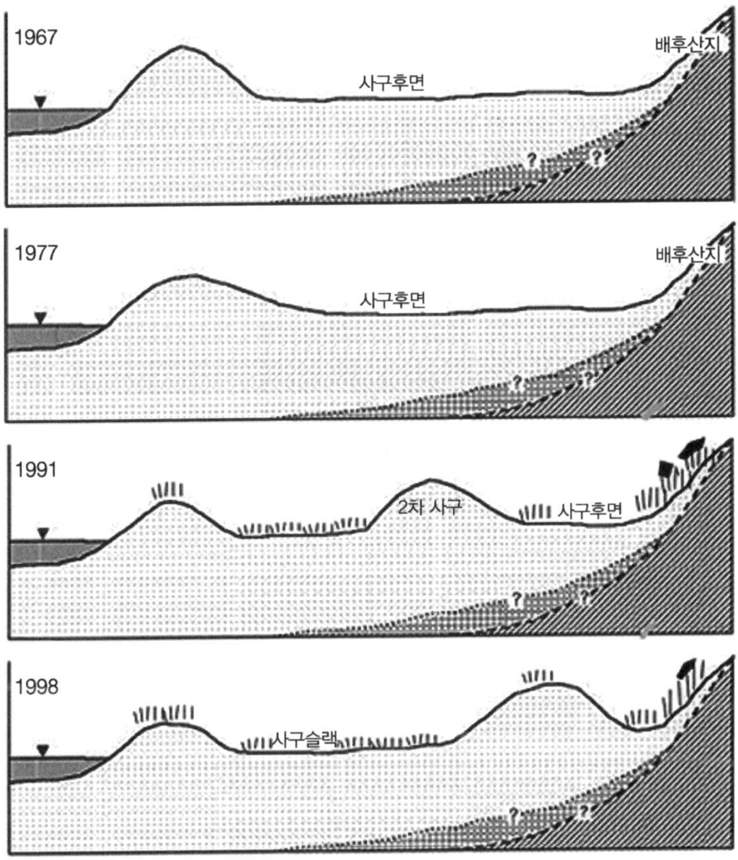

그림 Ⅲ-14. 신두 해안사구 중앙부의 형성과정 모식도(서종철, 2001)

그림 Ⅲ-15. 네덜란드 해안사구에서의 유수에 의한 릴(rill) 침식과 퇴적
(Jungerius and van der Meulen, 1988)

지가 형성되었으며, 이후 사구저지를 중심으로 식생이 빠르게 정착하여 후방으로 모래의 공급이 제한된 것으로 보았다. 따라서 점차 식생의 정착이 활발하게 이루어지어 신두 해안사구의 미피복사구는 대부분 정착단계에 이른 것으로 추론하였다(그림 Ⅲ-14).

해안사구의 비교적 빠른 지형프로세스는 어느 한 측면에서는 서식처의 훼손을 의미하지만 다른 측면에서는 해안사구의 서식처를 다양화하여 생물종 다양성을 높이는 의미가 있다. 해안사구에서의 지형프로세스는 주로 해빈과 인접한 지역의 파랑에 의한 침식프로세스와 해안사구 내의 바람에 의한 지형프로세스, 그리고 유수(流水)에 의한 지형프로세스로 나누어 살펴볼 수 있다. 이 중 유수에 의한 지형프로세스는 해안사구가 매우 안정된 외국의 사례에서 찾아볼 수 있지만 (그림 Ⅲ-15), 아직 서해안의 해안사구에서는 아직 자세히 보고되고 있지는 못하다. 서해안 해안사구는 퇴적물 상부에 유기물층 형성

그림 Ⅲ-16. 파랑의 침식프로세스에 의한 식생 서식처의 변화(촬영: 신영호)

또는 토양화가 잘 이루어지지 않아 투수율이 높기 때문이다. 따라서 전사구에서 발생하는 파랑에 의한 지형프로세스와 사구 내 바람에 의한 지형프로세스를 중심으로 살펴보고자 한다.

해빈에 인접한 지역에서 일어나는 지형프로세스는 퇴적물의 공급이 변하거나 조수나 파랑의 변화, 더 크게는 해수면 변동으로 발생한다. 퇴적물의 공급이 줄거나, 조수나 파랑 에너지가 증가하거나, 또는 해수면이 상승하게 되면 해안사구의 전사구에서는 침식이 일어나게 된다. 강한 파랑 에너지에 의하여 해안사구에서 침식이 일어나면 서식처 자체의 유실과 퇴적물에 함유되어 있던 영양염류 및 유기물의 제거가 발생한다. 더욱 큰 관점에서 보면 이러한 현상은 해빈에 모래를 공급함으로써 해빈의 급격한 침식을 방지하고, 침식된 모래에 함유되어 있던 유기물이 해양 생태계에 제공되며, 해안사구 고유의 생물들이 적응할 수 있는 여건을 마련하여 종다양성을 높이는 결과를 낳기도 한다.

파랑에 의해 전사구의 아랫부분이 침식되면 해안사구가 후퇴하면서 수직의 단애면이 형성된다(그림 Ⅲ-16). 단애면의 형성 이후 이차적으로 모래는 중력에 의하여 하부로 떨어지는 과정을 겪게 된다.

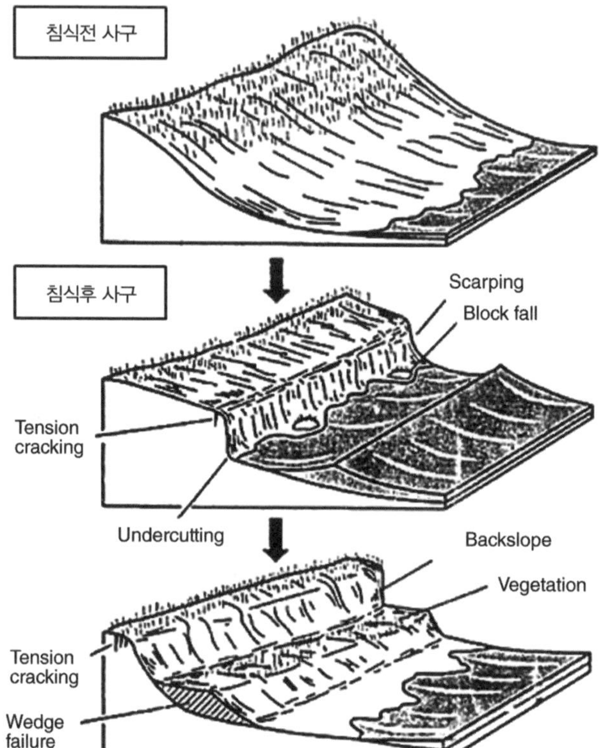

그림 Ⅲ-17. 파랑에 의한 전사구의 하부침식과 붕괴과정(Cater *et al.*, 1990)

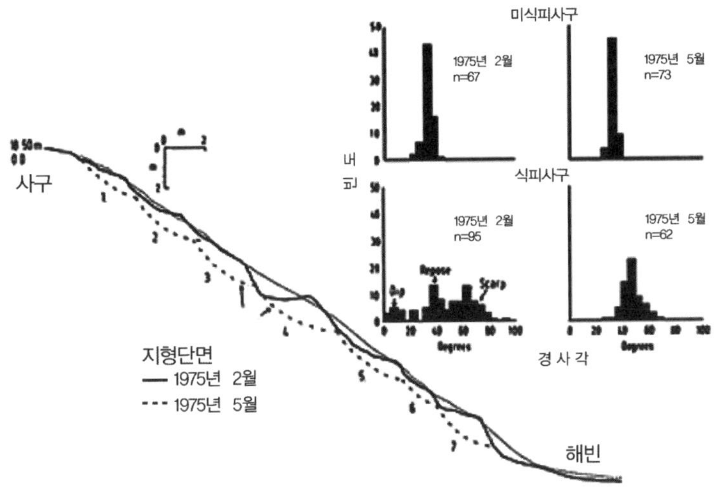

그림 Ⅲ-18. 식생 유무에 따른 파랑에 의해 침식되는 전사구 단면의 차이(Cater, 1980)

Cater *et al.*(1990)은 그림 Ⅲ-17과 같이 전사구의 전면부에서 파랑의 침식으로 지형 변화를 단계적으로 나타내었다. 한편 Carter(1980)는 식생이 피복되지 않은 전사구와 식생이 피복된 전사구의 지형단면의 차이를 밝혔는데, 식생이 피복되지 않은 전사구에서는 응집력이 없는 모래입자들로 이루어져 있어 파랑에 의하여 하부침식(under cutting)이 일어나는 것과 동시에 급애면이 붕괴되어 안식각을 이루게 된다. 이에 반하여 식생이 피복된 전사구는 하부침식이 발생하면 점착력이 있는 토양처럼 간헐적인 붕괴가 일어나고 각각의 랜드슬라이드(landslide)가 겹쳐진 원추형으로 나타난다(그림 Ⅲ-18). 이러한 현상은 주로 식물의 뿌리가 모래입자를 결속시키기 때문이고, 이외에도 토양수분이나 토양화 정도도 관련이 있다(Carter, 1980). 그림 Ⅲ-18에서 왼쪽 아래는 식생으로 피복된 전사구의 변화를 나타낸 단면도인데, 하나의 단면에서 여러 번의 사면붕괴가 일어나고 이후 시간이 흐르면 모래가 움직여 단일한 사면으로 변화하는 것을 보인다. 한편 오른쪽 위의 그래프는 미피복사구와 피복된 사구에서 관찰되는 경사각을 비교한 것으로, 미피복사구는 안식각을 중심으로 균일하게 분포하며 시간이 지나도 크게 변하지 않는다. 반면, 피복된 사구는 사면 각이 다양하고 시간의 경과에 따라서 점차 단일한 경사로 수렴된다.

단애면이 형성된 후 시간이 흐르면 점차 단애면의 하부는 해빈으로부터 공급되는 모래나 단애면의 상부에서 흘러내린 모래로 채워진다. 단애가 있던 곳에 안식각이 형성되면 식물은 뿌리 번식이나 씨앗의 발아를 통하여 다시 사면을 따라 정착하게 된다(그림 Ⅲ-19, 20). 이러한 환경으로 전사구에 서식하는 식물들은 줄기뿌리를 가진 형태로 적응한 경우가 많으며, 전사구 생태서식처를 스스로 안정시키는 역할을 한다.

그림 Ⅲ-19. 파랑의 침식 이후의 전사구의 변화(Cater, 1990)

그림 Ⅲ-20. 바다 방향으로 확장되는 순비기나무의 가지(우이도, 촬영: 유근배)

그림 Ⅲ-21. 파랑에 의한 해안사구 단애면의 형성(촬영: 유근배)

그림 Ⅲ-22. 사리 시 전사구에 직접 영향을 미치는 파랑(촬영: 신영호)

서해안 해안사구는 유실 때문에 해안사구 생태계가 교란을 받고 있다는 주장이 있다. 하지만 이런 주장들을 사실로 받아들이기 전에 앞에서 언급한 해안사구의 특성을 보다 자세히 살필 필요가 있다. 그림 Ⅲ-21과 같이 서해안 해안사구에서는 전사구 부분이 파랑에 의하여 침식이 발생하여 급한 경사의 급애면이 형성되어 있는 것을 종종 관찰할 수 있다. 그러나 이러한 현상이 아직 국지적으로 발생하는 것인지 서해안 전체에 걸쳐 발생하는 것인지에 대한 포괄적인 조사는 없다. 이러한 원인이 발생하는 근거로 제시되는 것으로 흔히 해수면 상승을 들고 있지만, 비단 해수면 상승뿐만 아니라 주변지역의 개발을 통해 조석이나 파랑의 변화 등과 같은 해황의 변화나 해빈-사구 시스템에서 일어나는 퇴적물 공급패턴의 변화로 인한 침식의 가능성이 높다. 이러한 현상이 자주 관찰되는 시기가 주로 사리 때(그림 Ⅲ-22)에

그림 Ⅲ-23. 운반과 퇴적프로세스에 의한 생태서식처의 변화(촬영: 신영호)
촬영된 지역은 전사구로 해빈으로부터 겨울철 동안에 급격한 모래의 이동이 발생하여 식생이 모래로 매몰되었으나 봄이 되어 식생이 생장하여 지표를 덮었다.

일어나는 것임을 생각한다면, 침식과 퇴적이 반복되는 서해안 해안사구의 자연스러운 현상으로 이해할 수 있다. 그렇지만 이러한 현상이 더욱 가속화된다면, 이는 해안침식의 위험성이 증대되고 있다는 것으로 파악할 수 있다.

해안사구 내에서 생태서식처에 큰 영향을 주는 지형프로세스는 바람에 의한 모래의 침식·운반·퇴적 프로세스이다(그림 Ⅲ-23). 해안사구 내에서 바람에 의한 지형프로세스와 생물 간의 관계를 살펴보기에 앞서 식생이 모래의 침식·이동·퇴적 프로세스에 미치는 영향에 대하여 살펴보는 것이 필요하다. 식생은 바람이 불어가는 모래표면의 표면조도를 비약적으로 증가시켜 전단응력을 감소시키는 방향으로 풍속변화를 준다. 이러한 풍속변화는 모래의 침식을 줄이고, 이동을 제한하며, 퇴적을 발생시킨다. Olson(1958)은 암모르필라(*Ammorphila*)라는 식물의 식재를 통하여 풍속단면에서 표면조도가 0.03cm에서 1cm로 약 30배가 증가함을 보였고(그림 III-24), Pethick(1984)은 건조하고 평평한 해빈의 경우 표면조도는 모래 알갱이 지름의 1/30에 불과하지만, 식생이 존재하게 되면 식생종이나 식피밀도 등에 따라 최고 18cm까지 증가한다고 하였다. 한편, Bressolier and Thomas(1977)는 식생 높이로 인한 영향뿐만 아니라 식생밀도가 풍속단면에 미치는 영향이 크다는 것을 밝혔다. Oke(1978)는 평균 식생고의 약 2/3 지점에 전단응력이 영향을 미치는 높이(Hv)를 제시하였고, 식생의 밀도가 낮은 경우 이 높이는 점차 낮아져 모래표면에 가까워진다고 하였다. 식생은 전단응력과 연관된 영향뿐만 아니라 직접적으로 모래알갱이들의 이동 장애물이 되거나 도약의 충격을 완화한다. 도약으로 이동하는, 모래 알갱이들이 지면에 떨어질 때 식생이 있으면 하부의 다른 알갱이들을 튀어오르지 못해 연쇄반응을 일으킬 수 없다.

많은 연구자가 해안사구의 식생이 바람에 의한 침식을 줄이고 운반된 모래를 효과적으로 퇴적시키고 고정함으로써 해안사구의 생성과 지속적인 발달에 핵심적인 역할을 함을 보였다. 해안사구 형성프로세스, 특히 바람에 의한 모래이동 메커니즘을 이해하고 해안사구의 지형 변화를 정량적으로 예측하고자 하는 다수의 연구에서 식생을 중요한 요인으로 인식하였고(Arens, 1994; van Dijk *et al.*, 1999; van der Wal, 2000), 식생이 모래의 이동에 미치는 영향을 직접 계측하려는 시도도 꾸준히 진행되었다(e.g. Musick and Gillette, 1990; Tsoar and Møller, 1986; Wiggs *et al.*, 1996; Wolfe and Nickling, 1993).

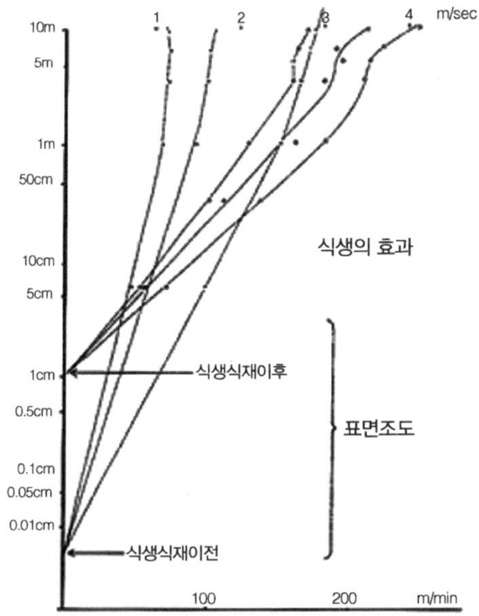

그림 III-24. 식생으로 인한 바람단면의 영향 (Olson, 1958 재구성; Olson, 1997 재인용)

식생이 모래의 이동에 미치는 영향은 식생의 크기나 형태, 식피율에 따라 매우 다양한 변이를 갖는 것으로 밝혀졌다(Lyles *et al.*, 1974; Marshall, 1971; Musick and Gillette, 1990; Stockton and Gillette, 1990). Kuriyama *et al.*(2005)는 Wasson and Nanninga(1986)의 연구와 Lancaster and Bass(1998)의 연구 결과를 자신들의 연구결과와 비교하면서 식피율이 28%에 이르게 되면 모래의 이동은 95% 이상 제한된다고 제시하였으며, 다른 사람들의 연구결과가 자신들의 연구결과와 다른 값을 가지는 이유는 모래입자의 크기에 기인한다고 하였다(그림 III-25). 즉 모래입자의 크기가 작아지면 모래 이동의 전단속도가

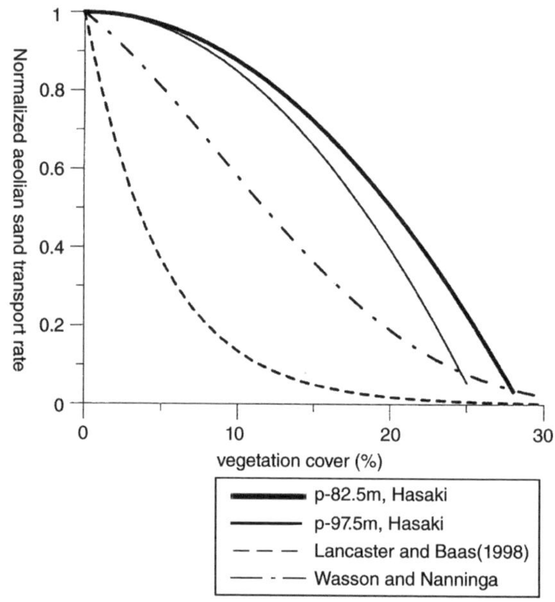

그림 Ⅲ-25. 식피율과 모래이동률 관계(Kuriyama *et al.*, 2005)

모래입자의 크기분포
Wasson and Nanninga: 0.15~0.23mm
Lacaster and Bass: 0.5~1.0mm
Kuriyama *et al.*(Hasaki): 0.15~0.17mm

느려지기 때문에 식피에 의한 영향이 그만큼 적게 나타난다는 것이다. 이렇듯 다양한 여건들에 의하여 식생이 모래이동에 미치는 영향이 다양하게 바뀔 수는 있지만 전반적으로 모래의 이동을 제한하는 효과가 있다는 사실은 널리 받아들여지고 있다. 이에 반해 Logie(1982)는 오히려 식생의 밀도가 매우 낮은 경우 바람의 전단속도를 낮추는 것보다 식생주변으로 소용돌이(eddy) 효과를 가져와 침식을 증가시킨다고 주장하였다.

이러한 연구결과들을 종합해본다면 식생의 종과 밀도, 높이, 형태 등

그림 III-26. 식생의 종별 분포와 밀도의 변이에 따른 전사구 지형의 변이(Hesp, 2002)

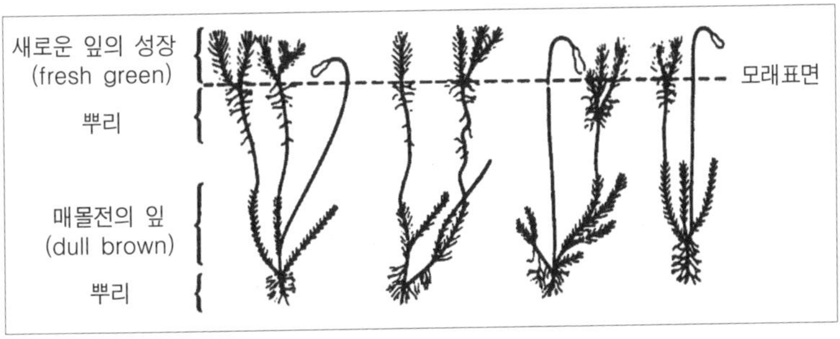

그림 III-27. 모래에 의한 매몰 후 재성장하는 식생(*Byum algovicum var. rutheanum*) (Gimingham, 1948; Packham and Willis, 1997에서 재인용)

은 바람의 흐름 패턴과 퇴적물 운반에 영향을 주게 되고, 해안사구의 생성과 형태적 변이, 변화를 제어하는 주요 변수가 될 수 있다. 예를 들어, 높은 키의 식물은 풍속을 급격히 저하시켜 많은 모래를 사구전면

(leading edge)에 퇴적시킴으로써, 풍상사면(windward slope)의 길이가 짧은 비대칭적인 형태의 전사구를 생성하게 하지만, 낮은 키의 식물은 이와 상반된 결과를 보인다(Hesp, 2002, 그림 III-26).

식생의 공간적 변이는 모래의 침식·이동·퇴적 프로세스에 영향을 미쳐 지표 형태의 변이를 일으키기도 하지만, 동시에 이러한 지표 형태의 변이는 식생에 다양한 서식환경을 제공함으로써 다시 식생의 공간적 분포에 영향을 줄 수도 있다. 이렇듯 해안사구의 식생은 그 자체가 지니고 있는 생태학적인 가치와 더불어 해안사구의 생성과 형태, 발달과 변화에 중요한 변수가 된다는 점에서 지형학적으로 중요한 가치를 지니고 있다. 물론 표면조도를 증가시키고, 모래입자의 도약이동에 완충 역할을 하여 모래의 퇴적을 유도하는 것은 식생만의 역할은 아니다. 해안사구의 모래이동을 고정하기 위해 흔히 설치되는 그물이나 울타리 등이나 파랑에 밀려 해안선에 쌓이는 표류물 등도 이런 역할을 할 수 있다. 하지만 식생은 계속 자란다는 특성으로 다른 것들과 결정적인 차이를 보인다.

해안사구 식생들은 모래에 의한 매몰에 적응하여 독특한 생리적 반응양식이 있는 경우가 많다. 해안사구 지대에서 모래에 의한 매장은 식생의 종 조성과 분포를 조절하는 중요한 요인인 동시에(Ranwell, 1958; van der Valk, 1974; Maun and Lapierre, 1986), 식물에는 큰 스트레스라 할 수 있다(Maun, 2004). Maun and Perumal(1999)은 매몰에 대해 식생 종마다 반응하고 견뎌내는 정도가 다르기 때문에 전사구에서 식생의 대상 분포(zonal distribution)가 발생한다고 하였다. 그러나 해안사구 식생들은 퇴적이 진전되어 모래에 의해 매몰되더라도 어느 정도의 깊이까지는 죽지 않고 모래층을 뚫고 다시 생장할 수 있는 능력을 갖추고 있는 경우가 많다(그림 III-27). 일부 해안사구 종들은 오히려 적당한 규모의 매몰이 일어날 때 생장이 촉진되며, 매몰이 일어나지 않으면 성장에 제약을 받는 반응을 보이기도 한다(Maun, 1998).

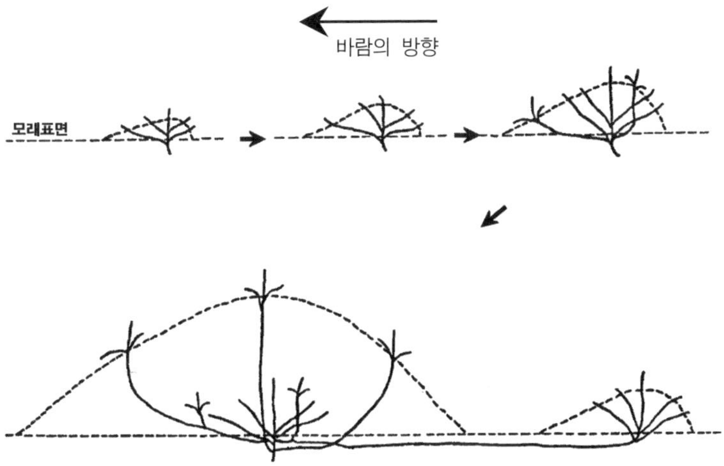

그림 Ⅲ-28. 배아사구(embryo dune)에서 식생(*Elytrigia juncea*)의 매몰 이후 생장에 따른 지형형성 과정(Nicholson, 1952; Packham and Willis, 1997에서 재인용)

매몰이 일어난 후 식생이 다시 자라게 되면 표면조도가 다시 증가하여 모래의 퇴적이 다시 발생하게 된다. 매몰이 일어나는 시기와 식생이 자라는 시기가 서로 다르고 주기적인 특성이 있는 경우 이러한 과정이 현저해지고 해안사구는 점차 성장하게 된다(그림 Ⅲ-28). 하지만 식생의 종류에 따라 이러한 반응은 다르게 나타날 수도 있는데, Maun(1998)은 해안사구 식생을 모래의 매몰에 의한 반응 양식에 따라 세 가지의 유형으로 나누기도 하였다(그림 Ⅲ-29). 첫 번째 유형은 매몰에 의해 즉각적으로 음의 반응을 보이는 음의 억제 반응(negative inhibitory response), 두 번째 유형은 처음에는 매몰의 영향을 견뎌내다가 점차 음의 반응을 나타내는 무반응–음의 반응(neutral and then negative response), 마지막으로 모래의 매몰에 따라 생장을 촉진시키지만 지나친 매몰에는 음의 영향을 받는 양의 증진 반응(positive stimulatory response)이다.

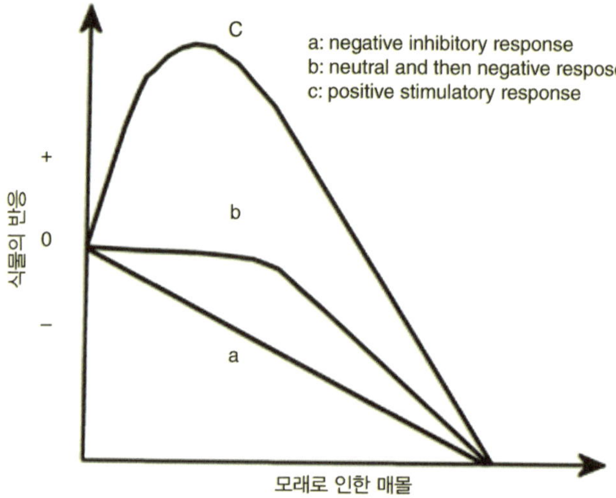

그림 Ⅲ-29. 모래 매몰에 따른 식물의 반응(Maun, 1998)

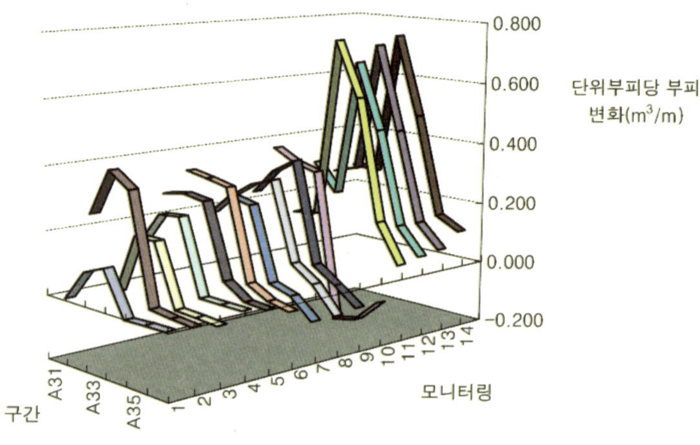

그림 Ⅲ-30. 신두 해안사구 북측 전사구의 시기별(2000.12.10.~2001.3.30) 단위부피당 부피 변화(류호상, 2001)

A31은 전사구의 전면이고 이후로 갈수록 해빈에서 멀어진다. 전사구 전면에서 부피변화가 크게 나타나다 점차 그 변화가 후방으로 진행된다.

그림 III-31. 겨울철 전사구의 식생피복을 덮은 후 이동하는 모래(촬영: 신영호)

서해안 해안사구에서는 지형변화와 식생의 관계를 직접 연구한 성과는 매우 미약하지만 류호상(2001)과 민병미(2004)의 연구결과는 서해안 해안사구의 식생도 앞서 언급한 구미의 연구결과를 잇는 성과로 볼 수 있다. 류호상(2001)은 신두 해안사구의 전사구열을 대상으로 모래이동이 활발하게 일어나는 겨울철 동안 유입되는 모래의 양과 지형변화의 패턴을 분석하였는데, 겨울철 동안 해빈으로부터 전사구로 유입된 모래가 대부분 전사구의 전면이나 전사구의 정상부에 머물러 있다가 특정시기에 전사구 후면의 내륙 방향으로 이동한다는 것을 밝혔다(그림 III-30). 이러한 내륙 방향의 이동은 사구의 경사도 뿐만 아니라 식생피복에 의하여 제한된다고 설명하였다. 식생이 완전히 모래로 덮일 때까지 그 후면으로 모래이동이 한동안 제한되어 식생으로 인한 지체현상이 발생한다는 것이다. 이를 통해 식생의 활

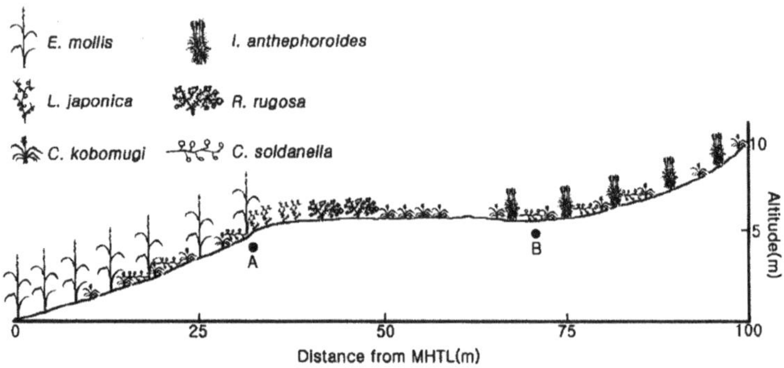

그림 Ⅲ-32. 신두 해안사구의 거리에 따른 식물분포의 모식도(민병미, 2004)

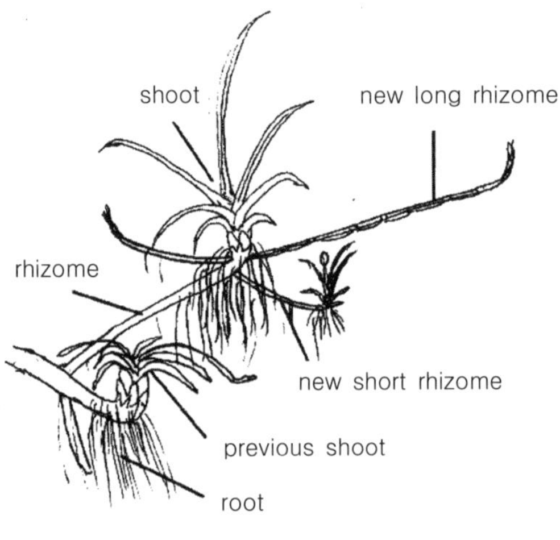

그림 Ⅲ-33. 통보리사초(*Carex kobomugi*)의 형태와 성장
(민병미, 2004)

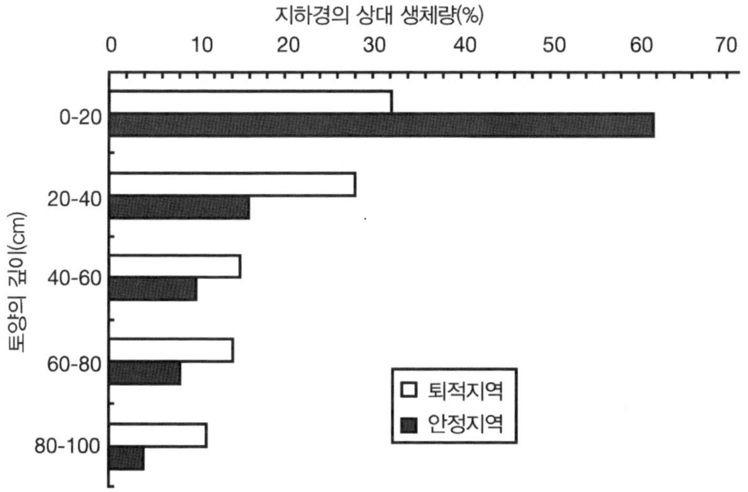

동이 활발하지 않은 겨울철 동안에도 지난 여름철 동안에 생장한 식생은 모래이동에 영향을 미친다고 설명하였다. 그림 Ⅲ-31은 서해안 해안사구에서 겨울철 식생이 모래의 이동에 미치는 영향을 단적으로 보여준다.

민병미(2004)는 2001년 4월에서 2003년 6월에 걸쳐 신두 해안사구에서 통보리사초를 대상으로 매몰에 따르는 변화를 살펴보았다. 신두 해안사구에서 통보리사초는 갯그령 다음으로 만조선에 가까이 출현하는 식물 종으로(그림 Ⅲ-32) 퇴적이 일어나는 지역에서 150개체/㎡로 가장 높은 밀도를 보였다. 통보리사초의 개화율은 모래 퇴적지역에서 70% 이상을 유지하였으나 안정지역에서는 10% 이내로 모래가 퇴적되는 지역에서 더욱 왕성한 활동을 보여 모래의 퇴적지역에 적응력이 탁월한 식물종으로 판단하였다. 모래의 퇴적지역과 안정지역에서 토양의 깊이별 지하경(rhizome, 그림 Ⅲ-33)의 분포를 조사한 결과, 모래 퇴적지역에서는 깊이별로 차이가 없어 수직 방향으로 지하경이 발달하고 있고, 안정지역에서는 대부분 20㎝ 이내에 있어 수평방향으로 지하경이 생장하는 것을 확인하였다(그림 Ⅲ-34).

위의 두 연구만을 통하여 서해안 해안사구에서 지형과 생물 간의 관계를 폭넓게 이해하는 데는 한계가 있을 것이다. 그러나 서해안의 해안사구에서도 지형과 생물 간의 상호관계는 분명히 존재하고 있으며, 이를 위한 다양한 접근이 시도될 필요가 있다.

4. 소결

이 장에서 우리는 생태서식처로서 서해안 해안사구를 이해하기 위하여 지형을 중심으로 논의하였으며, 지형프로세스와 생물프로세스 간의 밀접한 관계를 알아보았다.

첫째, 생태서식처로서 서해안 해안사구는 최후간빙기 이후 해수면이 현재 수준에 이르게 된 홀로세 이후에 형성된 것으로 각 해안사구의 위치와 주변 조건에 따라 형성시기가 다를 수 있으며, 이러한 사실은 해안사구에 서식하는 생물들이 각기 다른 천이과정 등을 보여 왔다는 것을 반증한다. 따라서 각 해안사구의 지형형성과정을 재구성하는 것은 생태서식처로서 서해안 해안사구를 이해하는 데 중요하다.

둘째, 현재의 관점에서 서해안은 해안사구의 형성에 유리한 조건을 갖추고 있으며, 보다 다양한 생태서식처로서 해안사구가 발달할 수 있는 잠재력을 보유하고 있다. 서해안의 해빈 퇴적물 특성으로 판단할 때, 풍속이 6m/s에 가까워지면 해안사구로 모래가 이동하는 것으로 보이지만, 각 해빈의 퇴적학적 특성과 표면수분의 분포와 같이 국지적인 영향에 따라 그 차이가 나타날 것이다.

마지막으로 지형형성인자(ecological engineer)로서 생물에 대한 이해를 확장시킬 필요가 있다. 아직 해안사구의 생물에 대한 연구의 대부분은 서식처에 대한 이해를 바탕으로 하기보다는 각 생물종에 대한 정보와 분포의 측면에 국한되어 있다. 이러한 문제의 해결을 위해서는 생물프로세스와 지형프로세스를 잘 이해할 필요가 절실하다.

Ⅳ. 서해안 해안사구의 토양

해안사구의 토양에 대한 연구는 빈약한 실정이다. 이는 해안사구의 기질이 비교적 균일한 규사질 모래로 이루어져 있고 풍화가 쉽지 않아 토양화가 쉽지 않고, 토양화 과정에 필요한 시간이 충분하지 않은 경우가 많아 명확한 토양학적인 해석이 쉽지 않기 때문이다. 그러나 해안사구의 토양은 생태서식처로서 해안사구가 중요한 요소임에 틀림없다. 이 장에서는 해안사구의 토양발달에 영향을 미치는 주요 요인들을 살펴보고 해안사구에서 어떠한 토양의 특성이 나타나는지를 살펴보고자 한다.

1. 서해안 해안사구 토양의 형성

일반적으로 토양이란 "암석의 풍화산물로서 동식물의 분해산물인 유기물을 함유하고 육지식물생육의 자연적인 배지이며 지각의 최상부에 있는 부드러운 물질" 또는 "암석의 풍화산물로서 동·식물의 분해산물인 유기물을 함유하며 기후, 생물, 지형 등 생성적 또는 환경적 요인이 장시간에 걸쳐 작용한 영향을 반영하는 지각의 최상부에 위치하는 부드러운 물질"(류순호, 2000)이라고 정의된다. 해안사구에서 토양이라는 용어를 쓰는 것은 조심스럽다. 즉, "환경적 요인이 장시간에 걸쳐 작용한"이라는 조건에 비추어볼 때, 해안사구의 역동적인 특성을 고려한다면, 과연 '장기간'이라는 부분을 받아들일 수 있는가 하는 것이다. 그래서 해안사구에서 토양이라고 표현하기보다 지형형성프로세스 측면을 강조하여 '퇴적물'이라고 표현하는 것이 옳다고 생각할 수도 있다. 그러나 해안사구 퇴적물의 이동이 제한되는 경우, 장기간에 걸쳐 토양화 작용이 벌어지는 공간이 널리 분포하게 되고, 그 위에 다양한 식생들이 생장하게 되어, 토양이라는 용어를 무리 없이 사용할 수 있을 것이다.

토양생성에 영향을 미치는 요인을 Jenny(1941)는 다음과 같이 기후, 모재, 기복, 생물활동, 시간 등으로 설명하였다.

$$Soil = f(Cimate + Parent\ matrial + Relif + Biotic + Time + ...)$$

수식 Ⅳ-1. 토양생성인자(Jenny, 1941)

Jenny(1941)가 제시한 토양생성인자를 중심으로 해안사구의 토양생성을 생각해보자. 먼저 기후 측면에서 볼 때 해안사구는 열대지방에서부터 한대, 냉대, 건조, 온대 등 다양한 기후지역에 나타나기 때문에 서로 다른 토양프로세스를 거친다. 일반적으로 기후요인은 생물요소에 영향을 주기 때문에 더욱 습윤하고 기온이 높은 곳에서는 생물의 활동이 활발하며, 이 때문에 토양화가 빠르게 진행될 수 있다. Hesp(2004)은 열대지역의 해안사구와 온대지역의 해안사구를 비교하며, 열대지역의 해안사구에서 지형변화 후 재피복 과정이 빠르게 진행되어 해안사구 원래의 지형 면이 잘 보전되는 경향이 있다고 주장하였다. 그렇다면 강수량이 풍부하고 높은 기온으로 높은 생물량을 보이고 토양 내의 화학반응이 잘 일어나는 열대지역의 해안사구는 토양화가 다른 기후에 비해 빨리 일어날 수 있다. 반면 건조지역은 강수량이 제한적이기 때문에 해안사구 표면의 수분량이 적어 모래의 이동이 많고, 토양화에 영향을 미치는 수분의 부족으로 토양발달 정도가 낮다. 한편, 해안사구에서는 토양형성과 관련된 기후요인 중 바람은 해안사구의 지형발달에 큰 영향을 끼치기도 하지만 토양 형성의 측면에서도 모재나 기복, 생물의 활동에 큰 영향을 주게 된다. 예를 들면, 풍속이 약하면 지속적인 퇴적물의 유입이 줄어들기 때문에 지표가 안정화되고 토양 형성이 보다 빨리 진행될 수 있다.

해안사구의 토양을 이루는 모재는 석영의 함유율이 높은 모래로 이루어져 있어 비교적 단순하다. 해빈으로부터 지속적인 모래유입이 발생할 수 있는 특성이 있지만 내륙 쪽에 있어 지속적인 모래의 유입 영향이 적은 곳은 비교적 안정적이다. 또한 퇴적 시기와 장소에 따라 모재가 되는 모래는 그 기원에 따라 다양성을 지닐 수 있다. 해안사구는 대부분 풍화가 상당수 진행된 석영입자들로 구성되어 있기 때문에 일반적인 암석의 풍화과정에서 발생하는 영양염류(eg. 칼륨)의 함량은 낮은 편이다. 하지만 바다로부터 염분포말(salt spray)이나 모래의 표면에 부착된 형태로 다수의 영양염류(eg. 칼슘, 나트륨, 마그네슘)가 유입되는 경우에는 이들 성분의 함량이 높은 편이다.

해안사구 내 지형의 기복은 토양수분이나, 생물의 활동을 제어한다는 측면에서 토양의 특성을 결정짓는 중요한 요인이 된다. 일반적으로 고도가 낮고 오목한 형태를 지닌 곳에서는 다양한 물질과 수분이 집적되기 때문에, 고도가 높거나 볼록한 형태를 지닌 곳에 비하여 토양화가 쉽게 진행된다. 한편 배수가 불량한 사구 배후습지와 같은 지형에서는 환원환경이 조성되기 때문에 해안사구 내의 다른 지역과 다른 토양 특성을 보이기도 한다.

토양은 식생의 생장이나 토양미생물의 활동에 직접적인 영향을 주기도 하지만 반대로 토양발달의 정도는 이러한 식생이나 토양미생물의 활동 정도에 따라 변하게 된다. 해안사구에서는 해안선으로부터의 염분포말이나 바람에 의한 모래이동의 영향으로 식생의 분포가 다양해진다. 다양한 식생의 분포는 다시 토양미생물의 분포나 토양과 식물 간의 영양순환에 영향을 주게 되어 결국에는 토양 특성의 다양성을 높이는 작용을 한다.

해안사구의 토양은 해안사구 지형의 형성 연대에 따라 다른 모습을 보인다. 해안사구는 해수면 변동 등 외부의 영향에 따라 성장과 후퇴를 반복하는 경향이 있다. 따라서 같은 지역에 있는 사구열들이라 할지라도 그 생성연대는 큰 차이를 갖는 경우가 많다. 해안에서 육지 쪽으로 갈수록 해안사구의 형성연대가 증가하는 경향이 있다. 내륙 쪽에 있는 사구지대는 형성 이후 오랜 기간 물리·화학·생물학적인 토양화 작용의 결과로 A층뿐만 아니라 B층이 형성되어 점차 내륙의 토양과 비슷해질 수 있다. 하지만 국지적인 침식과 퇴적이 반복되는 경우가 많아서 바로 인접한 지역이라고 할지라도 모래가 안정화된 이후의 시기는 짧게는 수년에서 수백 년, 길게는 수천 년에서 수만 년까지 차이가 나는 경우가 많다. 이러한 시간적 변이는 동일한 장소의 토양단면에서도 나타나게 되는데 그림 Ⅳ-1에는 현재의 A층의 하부에 기존의 매몰된 A층(buried A horizon)이 존재하고 있다. 아래쪽에 보이는 매몰된 A층은 현재의 표면을 이루는 모래가 쌓이기 이전에 지표면을 이루던 층으로, 생물의 활동이나 기후의 영향과 같은 토양형성작용이 일정 시간 진행되어 A층이 형성된 이후에 다시 모래가 쌓여 상부의 A층을 형성했다는 것을 보여주고 있다.

그림 Ⅳ-1. 해안사구 토양에 나타난 매몰된 A층(buried A horizon) (Jungerius and van der Meulen, 1988)

Ⅲ장에서 Jungerius and van der Meulen(1988)이 제시하였던 그림 Ⅲ-6에는 지형프로세스와 생물프로세스 간의 관계뿐만 아니라 토양 발달단계가 제시되어 있다. 유형 Ⅰ에서의 토양은 C층만이 존재하고, Ⅱ에서는 A층과 C층이, 그리고 Ⅲ에서는 A층, B층, C층이 각각 나타난다. 이러한 유형 분류를 기초로 Jungerius(1990)는 해안사구에서 관찰되는 토양층을 지형프로세스와 생물프로세스와의 연관성을 이용해 다음과 같이 설명하고 있다(그림 Ⅳ-2).

유형 Ⅰ에서는 지형프로세스가 활동적이고 모래의 이동이 높아 유기물의 집적이 일어나기 어려우며, A층을 관찰할 수 없다. 한편 이러한 유형은 전사구나 최근 고정된 사구열에서 주로 관찰되며, 비교적 염분포말에 의한 NaCl의 유입이 높으며, 식생은 이러한 토양과 환경에 적응한 초기정착식생(pioneer vegetation)으로 이루어져 있다. 유형

Ⅱ는 보다 육지 쪽에서 관찰되는 유형으로 지형프로세스와 생물프로세스가 균형을 이루고 있는 곳에서 발견된다. 시간과 공간에 따른 변이가 크게 나타나는 것이 특징이며, 침식과 퇴적의 반복으로 매몰된 A층을 쉽게 찾아볼 수 있으며, 다양한 단계(sequence)의 토양단면이 관찰되기도 한다. 유형Ⅲ은 지형프로세스가 생물프로세스에 비하여 매우 제한적으로 일어나는 곳에서 관찰된다. 이 지역은 주로 목본식생이 생장하며, 토양층위의 발달이 더욱 안정적으로 진행된다. 유럽의 여러 사구지대에서 관찰된 바로는 침엽수림이 식재된 지역에서는 유기물의 집적이 잘 일어나고, 하부의 기질에 석회질이 많음에도 낮은 pH를 보이는 경우가 나타난다. 한편, 활엽수림이 식재된 지역에서는 유기물의 분해가 빠르게 일어나고, 유기물 집적이 지체되어, A층은 두터우며 토양층위는 점진적으로 변하게 된다. 그리고 활엽수림의 탄질비(C/N ratio)는 침염수림에 비해 낮은 경향을 보인다.

유형 Ⅰ, Ⅱ, Ⅲ은 해안에서 육지의 방향으로 이행하면서, 순차적으로 나타나는 것이 일반적이지만, 해안사구의 지형의 형성연대와 기복

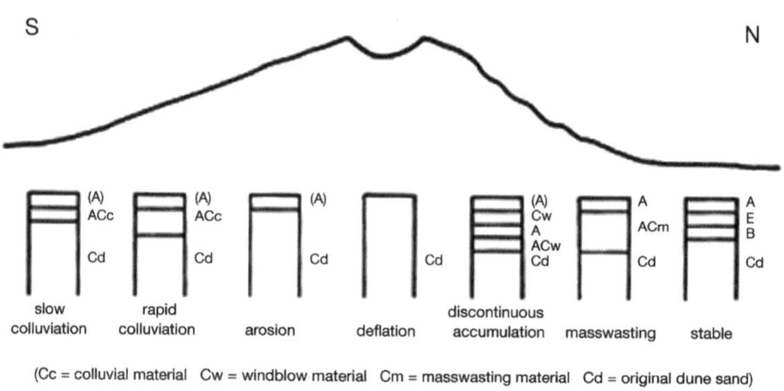

그림 Ⅳ-2. 지형구배에 따른 토양단면의 변화(Jungerius, 1990)
해빈은 그림의 왼쪽에 존재하며 사구열의 상부에 형성된 와지는 취식와지이다.

에 따라서 매우 다양한 변이를 보인다. 즉, 해안 쪽에 위치할지라도 상대적으로 오랫동안 식생이 피복되어 있었으면 유형 II나 유형 III이 나타나고, 육지 쪽에 위치할지라도 최근에 모래가 퇴적되어 식생 피복의 기간이 짧으면 유형 I이 나타날 수도 있다. 한편 토양의 발달은 기복과 밀접한 관련이 있기 때문에 그림 IV-2에서와 같이 공간적으로 인접한 곳에 위치했더라도 지형적 기복에 따라 세부적으로는 다른 토양발달단계를 보이게 된다.

미국의 구 토양분류 기준에 의하면, 모든 토양은 분류학적으로 성대토양(zonal soil), 간대토양(intrazonal soil), 비성대토양(azonal soil)으로 나누어진다. 기후대를 따라 발달하고 토양단면에 기후와 식생의 영향이 뚜렷이 반영된 토양이 성대토양이며, 성대토양의 중간 중간에 국지적인 특성, 즉 지형이나 모암 등의 생성인자에 따라 성대토양과 다른 토양을 이루고 있는 것을 간대토양이라고 부른다. 한편 퇴적연대가 짧거나 침식이 심하여 토양단면이 발달하지 않은 토양을 비성대토양이라고 한다. 이러한 기준으로 볼 때, 서해안 해안사구의 토양은 토양화의 속도에 비해 새로운 모래의 퇴적이나 침식의 속도가 빠른 비성대토양으로 분류될 수 있다. 현재 농촌진흥청에서 분류기준으로 채택하고 있는 미국 농무성의 토양분류체계(Soil Taxonomy)에 따르면 해안사구의 토양은 A층의 발달이 극히 제한된 엔티솔(Entisols)[1]로 볼 수 있다. 모래땅을 뜻하는 아목명 형성어 "psamm"을 붙여 쌈엔트(Psamments)[2]가 되며, 농업기술연구소(1986)에 제시되어 있는 토양통

1. 토양분류체계(Soil Tacanomy)의 12개 토양목 중 하나로 퇴적연대가 얼마 되지 않아 구조의 발달이나 용탈·집적 등의 흔적이 없는 토양으로 얇은 A층이 분화되어 있다. 젊은 충적토, 암쇄토 등이 이에 속하며 미국 구분류체계의 비성대토양 대부분이 이에 속한다. 우리나라에서 많이 볼 수 있는 토양으로 이 목에는 쌈엔트(Psamments), 아르엔트(Arents), 아쿠엔트(Aquents), 플루브엔트(Fluvents) 및 오르스엔트(Orthents)의 아목이 있다(류순호, 2000).
2. 엔티솔의 한 아목으로서 모든 토층의 토성이 양질세사토보다 조립질이며, 자갈의 함령이 35% 이하의 특성을 갖는 모래땅이다(류순호, 2000).

그림 Ⅳ-3. 서해안 해안사구의 대표적인 토양통(농업기술연구소, 1986 재편집)
해리통(왼쪽), 하사통(오른쪽)

중에서 서해안 해안사구에 분포하고 있는 토양통은 해리통(Haeri Series)[3]과 하사통(Hasa Series)[4]이다. 하지만 토양통 수준으로 해안사구의 토양을 보게 되면 하나의 해안사구지대는 동일한 토양통으로 분류되기 때문에 해안사구의 토양이 가지고 있는 특성과 공간적인 특징을 잘 표현해주지 못하며 생태서식처로서 특성과 결부지어 설명하기 어렵다(그림 Ⅳ-4).

---

3. 해리통은 사질계 퇴적토로서 미국 농무성의 분류방법에 따르면 sandy, mixed, mesic, family of Typic Udipsamments에 속한다. 토양의 모재는 해변의 바람과 해수에 의해 퇴적된 토양으로 해안평탄지에 분포한다. 해리통은 남서방 해변을 따라 분포한다(농업기술연구소, 1986).
4. 하사통은 사질계 퇴적토로서 미국 농무성의 분류방법에 따르면 sandy, mixed, mesic, family of Aquic Udipsamments에 속한다. 토양의 모재는 하해혼성충적층으로 해풍 및 해수에 의해 퇴적된 토양이며 하해혼성평탄지에 분포한다. 서부해안지역의 사구에 분포한다(농업기술연구소, 1986).

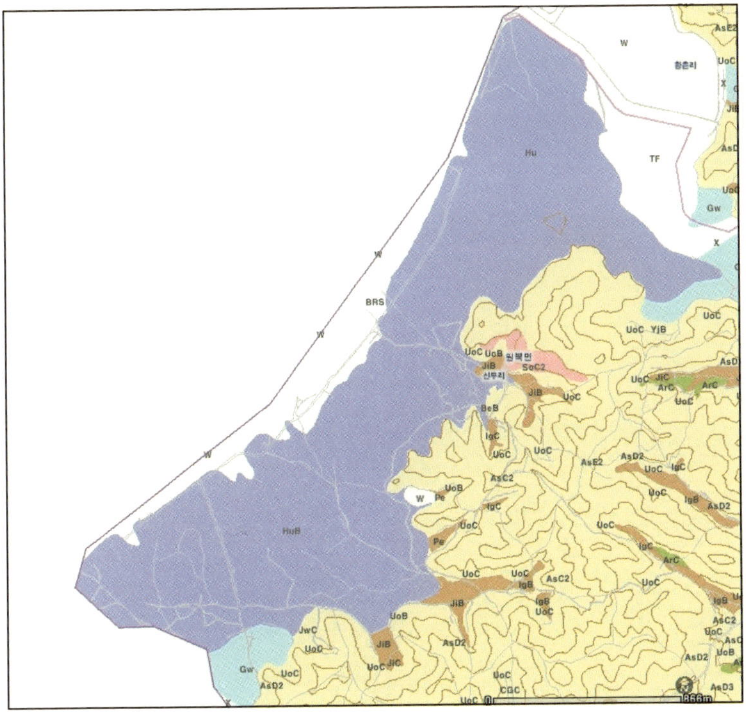

그림 Ⅳ-4. 신두 해안사구의 토양도(한국농업토양정보시스템(http://asis.rda.go.kr/))
신두 해안사구 전체가 하나의 토양통(해리통: Hu, Hub)으로 표시됨.

그림 Ⅳ-5는 서해안의 여러 해안사구에서 관찰되는 해안사구의 토양단면이다. 세 군데 모두 해리통으로 분류된 지역이지만 각각은 전혀 다른 토양단면을 가진 것을 확인할 수 있다. 기지포 해안사구에서 촬영한 토양단면(왼쪽)은 풍하사면(lee slope)의 것으로 앞의 그림 Ⅳ-1과 Ⅳ-2에서 설명한 것과 같이 화살표 위치에 희미하게 매몰된 A층을 관찰할 수 있다. 이는 해안으로부터 유입된 모래가 식생이 덮고 있던 표면을 수차례 덮으면서 형성된 것으로 여겨진다. 한편 운여 해안사구에서 촬영한 토양단면(오른쪽 위)은 2차 사구에서 규사채취를

그림 IV-5. 서해안 해안사구에서 관찰되는 토양단면(촬영: 신영호)
태안군 안면도 기지포 해안사구(왼쪽), 운여 해안사구(오른쪽 위), 신두 해안사구(오른쪽 위)

위해 훼손된 지역의 모습으로 지표 아래 2~3m 지점에 상부와는 전혀 다른 특성을 보이는 층이 존재하는 것을 확인할 수 있다. 이는 퇴적물 유입이 매우 단속적이며 불규칙적으로 일어났다는 것을 지시하는 단적인 예이다. 마지막으로 신두 해안사구에서 촬영한 토양단면(오른쪽 아래)은 사구습지 주변부의 것으로 두터운 A층이 형성되어 있다. 이 지역은 강우가 지속되면 지하수면이 지표상으로 노출되는 사구습지의 주변부로서 수분의 공급과 유지가 원활하여 다양한 식생이 밀생하고 있는 곳이다. 물론 이 세 곳의 토양단면은 동일 지역의 해안사구가 아니므로 직접 비교하는 것은 어렵겠지만, 서해안 해안사구의 토양형성 과정은 매우 다양하다는 것을 잘 보여준다.

토양형성과정과 관련하여 지형학계를 중심으로 논의되어왔던 서해안 해안사구지대의 고토양에 대한 부분을 살펴보고자 한다. 고토양이란 과거의 토양형성작용 흔적이 토양단면에 겹쳐 나타나는 토양을 말한다. 해안사구에서 고토양이 나타난다는 것은 일정한 기간 토양형성작용이 지속되고 그 이후 상부에 새로운 퇴적이 일어났다는 것을 의미한다. 생태서식처로서 해안사구의 측면에서 보자면 고토양의 존재는 해안사구라는 서식처가 급격하게 변할 수 있는 공간임을 지시한다.

서해안 해안사구지대에서 고토양층의 존재는 여러 문헌을 통해 보고되었다. 고토양층을 기존에는 최후 빙기 이전의 플라이스토세 동안에 형성된 고사구층으로 보기도 하였지만, 최근의 연구(서종철, 2005; Munyikwa *et al.*, 2005)에 따르면 비교적 최근인 홀로세 기간 형성된 퇴적층으로 보고 있으며, 모래의 공급이 제한되어 지표가 오랫동안 안정화되어 토양화 과정을 거친 것으로 보고 있다. 서종철(2005)은 OSL 연대측정방법을 통하여 신두 해안사구에서 기존에 플라이스토세 동안에 형성된 고사구층이라고 알려졌던 퇴적층의 상부와 하부의 퇴적물을 연대측정하였는데, 지표 아래 3m 지점의 퇴적층이 약 680~730년 전에 형성되었으며, 1.5m 지점은 약 480~610년 전에 형성되었으며, 1.2~1.3m 깊이의 일명 고사구 퇴적층을 사이에 두고, 1m 지점의 퇴적층에서 약 123~151년 전이라는 연대가 나타난다고 주장하였다(그림 Ⅳ-6). 이러한 결과를 통해 1.5m 지점과 1.3m 지점 사이에서 약 300년의 기간 동안 사구사가 쌓이지 않고 토양화 작용이 진행된 것으로 주장하였다.

한편 Munyikwa *et al.*(2005)은 안면도 운여 해안사구를 대상으로 일련의 사구퇴적물에 대해 퇴적학적 조사와 더불어 OSL 연대측정방법

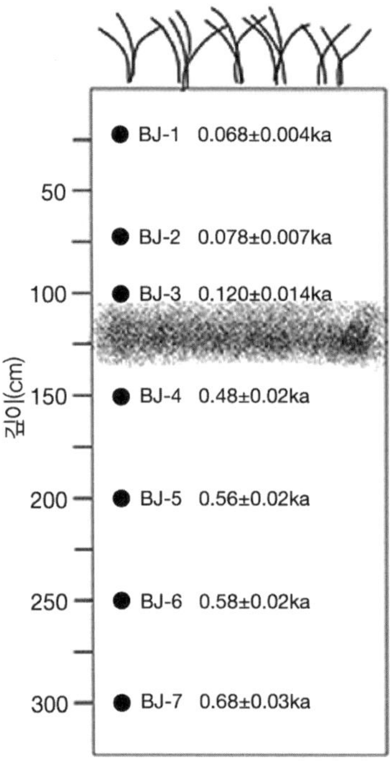

그림 Ⅳ-6. 신두 해안사구 고토양층 주변 OSL 연대측정(서종철, 2005 재구성)

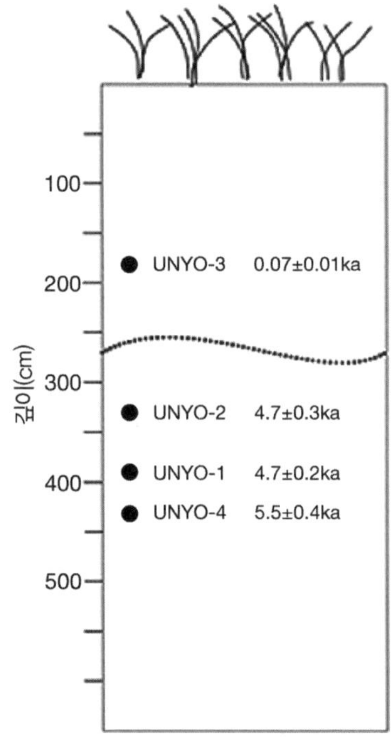

그림 Ⅳ-7. 운여 해안사구 고사구층 주변 OSL 연대측정(Munyikwa *et al.*, 2005 재구성)

을 이용하여 퇴적 연대를 확인하였다(그림 Ⅳ-7). 이곳 해안사구의 모래층은 상부와 하부로 구별되며, 상부층은 담황색 모래, 그리고 하부층은 적갈색 모래로 구성되어 있는데(그림 Ⅳ-5, 그림 Ⅳ-8), Munyikwa *et al.*(2005)은 하부층이 적갈색을 띠는 것은 과거 어느 시기에 토양생성작용을 받은 결과로, 매몰된 고토양임을 주장하였고, 지난 5000년 전에서 90년 전 사이의 특정 시기에 사구표면이 안정화된 기간이 있었기 때문이라고 보았다. 이는 상·하부 퇴적층의 시료에 대해 입도분석과 주사전자현미경 분석을 통해 상·하부층 간의 입도

그림 Ⅳ-8. 운여 해안사구의 토양단면(Munyikwa *et al.*, 2005)

분포, 형태, 표면조직 특성 등이 모두 유사하여 비록 토양색은 같지 않을지라도 모두 바람에 의한 해안사구 퇴적체이지만 하부층은 약 5~7ka에, 반면 상부 모래층은 약 70~90년으로 결과를 얻었기 때문이다.

해안사구의 모래가 퇴적된 이후에 300여 년 정도의 비교적 짧은 시간 동안 사구표면이 안정기간이 지속된다면 해안사구의 토양은 A층이 발달할 수 있으며, 비교적 장기간의 안정기간이 지속되면 뚜렷한 층위가 구분될 수 있을 정도의 토양형성과정이 진행될 수 있다는 것을 유추할 수 있다. 그러나 서해안 해안사구에서의 토양화 과정에 대한 논의는 아직 초기단계에 머물러 있다.

2. 서해안 해안사구 토양의 지화학적 특성

지화학적으로 볼 때, 해안사구 토양은 해수 기원의 양이온, 특히 Na^+을 다량 함유하는 반면, 점토광물과 유기물 함량이 매우 적기 때문에 낮은 양이온치환용량(cation exchange capacity: CEC)을 보인다(Ranwell, 1972; Barbour *et al.*, 1987). 해안사구 토양은 대부분 풍화에 강한 석영입자들로 구성된 모래로 구성되어 있고 지속적으로 표면이 바람에 의해 이동되어 풍화에 충분한 시간을 주지 않는 환경이기 때문에, 풍화를 통한 K^+ 등의 영양소의 자체 생산이 충분하지 않다. 토양물리학적으로는 해안사구 토양은 투수성이 높은 사질 입자로 구성되어, 강우시 영양소가 빠르게 용탈되는 특성이 있다. 이와 같은 특성 때문에 해안사구 토양은 육상의 토양에 비해 식생의 생장에 필요한 영양소를 충분히 공급할 수 없다고 알려졌다(van der Valk, 1974b). 해안사구 식생의 생장에 필요한 영양소는 주로 염분포말의 형태(Clayton, 1972; van der Valk, 1974b; Whipkey *et al.*, 2000)와 해빈에서의 유입되는 모래에 부착(유근배 등, 2005)되어 유입된다.

식생 생장에 주요한 제한 요인이 되는 것으로 필수 영양소인 질산염(nitrate)과 인산염(phosphate)이 있다(Boorman, 1982). 질산염과 인산염은 수분에 의한 이동이 쉬우므로 수분의 이동이 쉽게 일어나는 해안사구에서는 이들 영양소의 유입 경로와 유출 경로, 저장, 그리고 부영양화 등이 매우 다양한 모습을 보인다. 이 때문에 식생 생장과 관련하여 이러한 메커니즘을 규명하고자 하는 시도가 지속해서 이루어졌다(Fay and Jeffrey, 1992; Koerselman, 1992; Seely *et al.*, 1998). 질소와 인이 부족한 환경은 이들 영양소를 적게 요구하는 식생 종들에게 생장에 유리한 조건을 제공하는 한편, 필요 이상으로 유입되는 질소는 후기 천이 종의 진입에 영향을 줄 수 있다(Grootjans *et al.*,

1998). 한편 해안사구 주변의 환경 변화에 따라 변동되는 건식 퇴적, 또는 건식강하물(dry deposition)은 질산염과 인산염의 주요한 공급원 경로가 될 수 있으며, 지나치면 오히려 부영양화(eutrophication)가 야기되어 기존 환경에 적응된 식생상이 교란되고 종다양성이 감소되기도 한다(Koerselman, 1992; Kooijman *et al.*, 1998; ten Harkel *et al.*, 1998).

해안사구의 지형은 주로 사구열과 와지 등이 반복되는 양상을 보이는 지형기복을 통해 설명된다. 이러한 기복의 변화는 토양지화학적인 측면에서 볼 때도 해수 기원의 염분포말과 해빈 모래에 대한 노출(exposure)과 보호(shelter)에 큰 영향을 미친다. 일반적으로 사구열의 지형적인 기복은 해안에서 육지 방향으로 유입되는 염분포말과 해빈모래의 유입에 차이를 주어, 해안사구 전면(풍상사면)과 정상, 후면(풍하사면)의 토양은 서로 다른 지화학적 특성을 나타낸다. van der Valk (1974b)는 노스캐롤라이나(North Carolina)의 국립해안공원(Cape Hatteras National Seashore)의 두 해안을 대상으로 전사구의 풍상사면과 정상, 풍하사면 각각에서의 주요 양이온(K^+, Mg^{2+}, Na^+, Ca^{2+})의 유입과 유출 양상을 파악하고 정량화하였다(그림 Ⅳ-9). van der Valk는 전사구를 세 지점으로 나누고 유입되는 염분포말의 양이 각각의 지점마다 다른 분포를 보이며, 결국 이러한 변이가 해안사구 식생의 종 조성에 영향을 줄 것으로 가정하고 연구를 진행하였다. 그 결과 전사구와 같은 비교적 좁은 지형 경관 내에서도 풍상사면과 정상, 풍하사면에 따라 유입되는 염분포말의 양이 뚜렷한 차이를 보인다는 것을 확인하였다(Na의 경우 1,300kg/ha/year > 740kg/ha/year > 310kg/ha/year). 그러나 지표 아래 20cm 이하에 이르면 이러한 경향은 감소하여 토양 속에 존재하는 영양염류의 큰 차이가 나타나지 않았다.

전사구의 경우 해안으로부터의 거리에 따라 해안사구 토양의 화학적 성질은 뚜렷한 경향을 보이며 변한다(Hesp, 1991; Stallins, 2001). 해

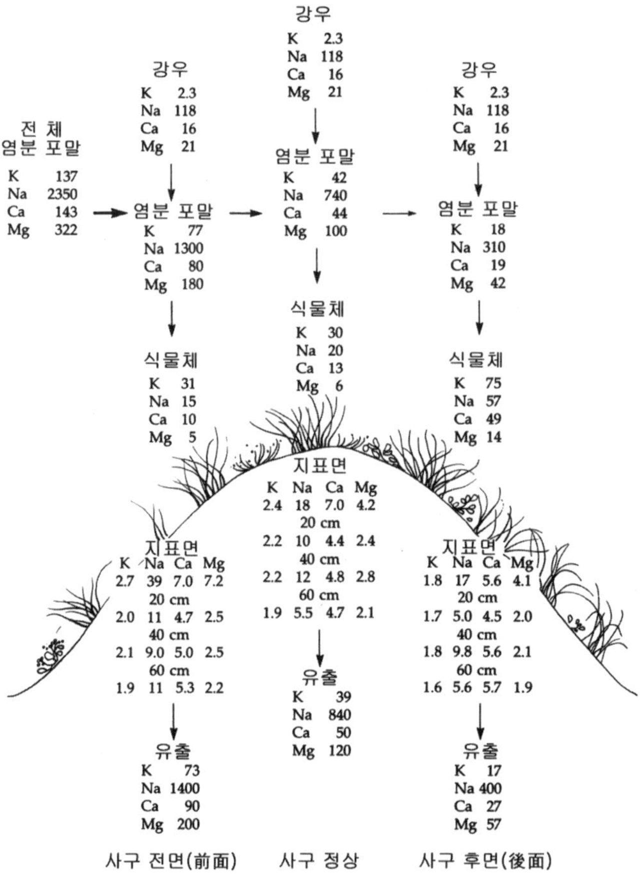

그림 IV-9. 전사구의 위치에 따른 영양 조건의 변화(단위: kg/ha/year)(van der Valk, 1974b)

안사구로 유입되는 영양염류의 주요 기원인 염분포말과 해빈 모래의 유입은 일반적으로 해안으로부터의 거리에 따라 줄어들기 때문이다. 해안으로부터의 거리에 따라 토양 내 영양염류의 구성이 변화하면 해안사구의 식생은 해안선에 평행한 대상(帶狀)분포를 나타내는 경우가

표 Ⅳ-1. 일본 홋카이도 해안사구 내 가문비나무(*Picea*)와 전나무(*Abies*) 삼림에서 목본식물과 토양과의 관계에 대한 주성분분석(PCA) 결과(Nichijima and Nakata, 2004)

변수	Eigen Vector	
	주성분 1	주성분 2
pH	0.0502	0.5027
C	-0.4706	0.3410
N	0.2662	0.5792
Ca	0.3385	-0.1598
Mg	0.5155	0.1397
K	0.0400	0.4906
Na	0.5685	-0.0993
Eigen value	2.7369	1.5618
Contribution(%)	39.10	22.31
Cumulative contribution(%)	39.10	61.41

많다. 하지만 각 장소에서의 지형프로세스 역동성의 차이와 토양의 지화학적 특성의 다양성 등이 복합적으로 영향을 미치기 때문에 다소 복잡한 형태를 띠기도 한다.

해안으로부터 멀리 떨어져 해안프로세스가 비교적 적게 영향을 미치는 경우, 토양 특성과 식물과의 관계는 복잡해진다. Nishijima and Nakata(2004)는 일본 홋카이도에 있는 슌쿠니타이(Syunkunitai) 해안사구지대의 3차 사구에 존재하는 가문비나무 삼림과 전나무 삼림의 하부에 있는 토양의 특성을 비교하였다(표 Ⅳ-1, 그림 Ⅳ-10). 주성분분석을 통하여 해양기원의 Na(0.5685)와 Mg(0.5155)로 이루어진 주성분 1의 경우 주변의 염습지와 뚜렷한 차이를 보이며 분리되었으나, 두 삼림 간에는 특별한 차이점을 확인할 수 없었다. 한편 N(0.5792),

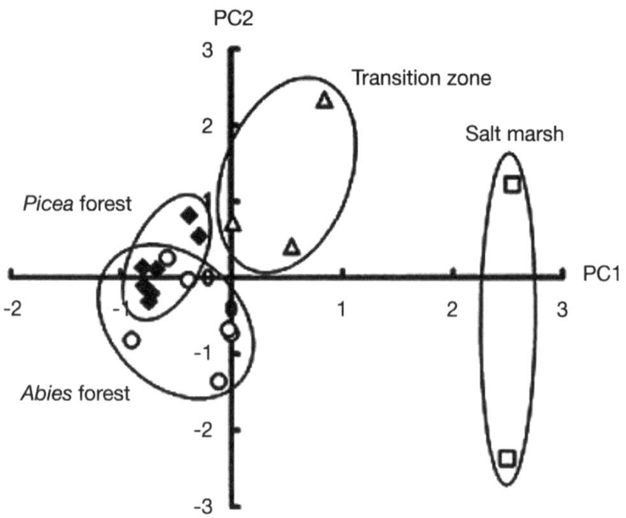

그림 Ⅳ-10. 일본 홋카이도의 해안사구에서의 목본삼림과 토양과의 관계 (Nichijima and Nakata, 2004)

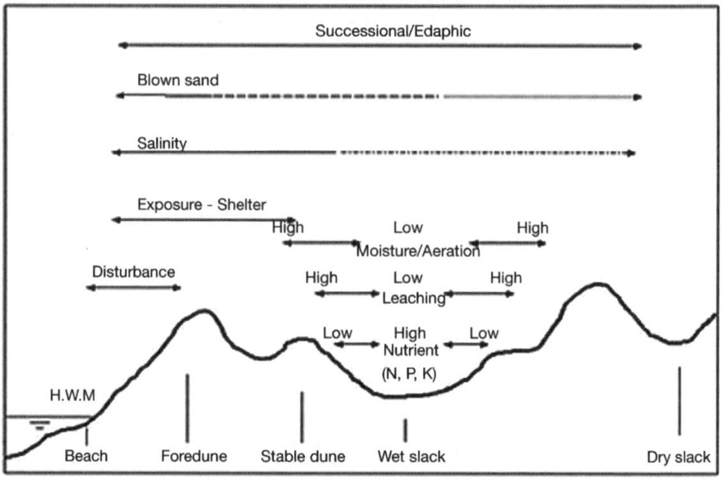

그림 Ⅳ-11. 해안사구 생태 시스템의 생태적 기울기(Carter, 1988)

pH(0.5027), K(0.4906)로 이루어진 주성분 2에서는 완벽히 분리가 이루어지지는 않았지만 가문비나무 삼림 아래의 토양이 전나무 삼림 아래의 토양에 비해 N, pH, K가 높게 나타나는 것을 확인하였다. 즉 삼림의 종류에 따라 해안사구림의 토양 성분의 차이가 있었다. 물론 단순히 이 결과를 통해 토양의 특성의 차이가 식생의 차이를 유발하였는지 또는 식생의 차이 때문에 토양 특성의 분화가 발생하였는지는 불명확하다.

현재까지의 논의를 종합하면, 해안사구 토양의 지화학적 특성은 다양한 환경 요인들의 복합적인 영향을 반영하며 공간적으로 복잡한 분포 양상을 지닌다. Carter(1988)가 제기한 것과 같이(그림 Ⅳ-11) 생태서식처로서 해안사구 내에서 생태적 기울기(gradient)가 나타나는 것이 일반적이지만, 해안사구가 가진 국지적 특성에 따라 다양성을 가질 수 있다.

서해안 해안사구의 지화학적 특성도 공간적으로 다양하다. 다양성에 대한 지식은 제한되지만 국내에서 진행된 연구(김대현, 2004; 유근배 등, 2005; 송호경 등, 2005)를 중심으로 서해안 해안사구 토양의 지화학적 특성을 살펴보고자 한다.

김대현(2004)은 신두 해안사구에서 토양의 표층에서 나타나는 주요 토양특성의 공간적 분포양상을 파악하였다(그림 Ⅳ-12). 각각의 토양 특성 중 pH, K^{+}, Mg^{2+}, Ca^{2+} 등은 해안선으로부터 거리가 증가함에 따라 뚜렷이 감소하는 공간적인 패턴을 보이기도 하지만, 유기물, 질산염, 전인, Na^{+}의 경우 이와는 달리 특정 지점을 중심으로 높은 값을 보여 다양한 지형조건이 영향을 미치고 있다는 것을 확인하였다.

해수 내에서 비교적 높은 비율을 차지하는 양이온인 Mg^{2+}과 Ca^{2+}의 농도와 pH는 해안으로부터의 거리가 증가함에 따라 그 농도가 뚜렷하게 감소하는 경향(각각 $r=-0.65$, $r=-0.71$, $r=-0.61$ $p<0.01$)을

① pH

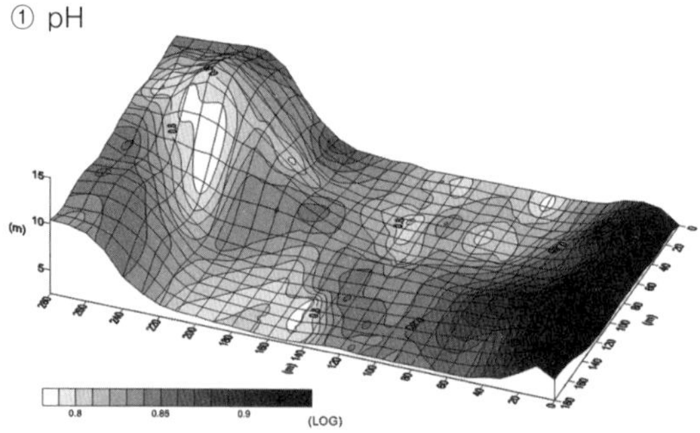

② 유기물

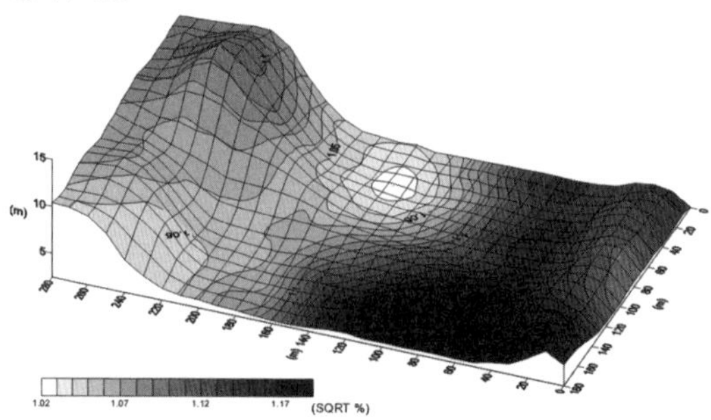

③ 질산염

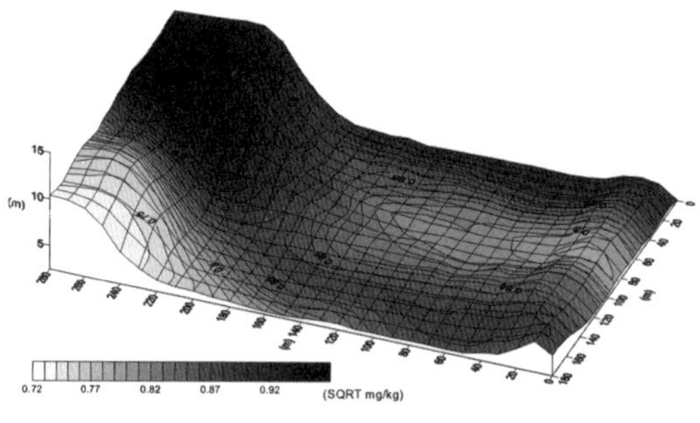

그림 Ⅳ-12. 신두 해안사구 토양의 지화학적 특성의 공간적 분포(김대현, 2004)

그림은 신두 해안사구 지대에서 전사구와 사구저지(低地), 2차 사구가 모식적으로 나타나는 중앙부이다. 우측의 낮은 둔덕이 해안선과 평행하게 분포하는 전사구열이며 왼쪽의 높은 둔덕은 배후의 2차 사구열이다. 양 사구열 사이에 사구저지가 분포하고 있다.

④ 전인

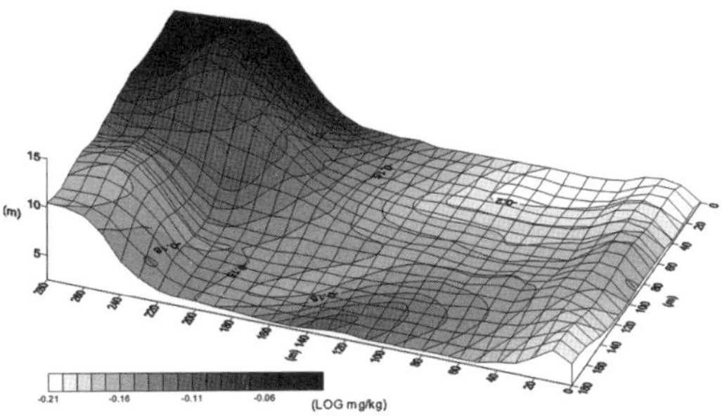

⑤ Na^+

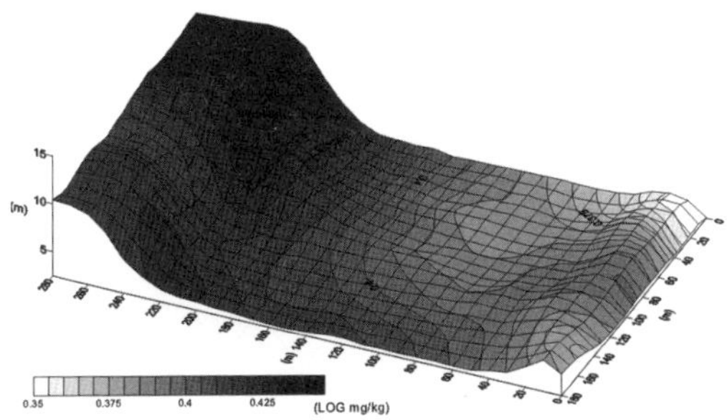

⑥ K^+

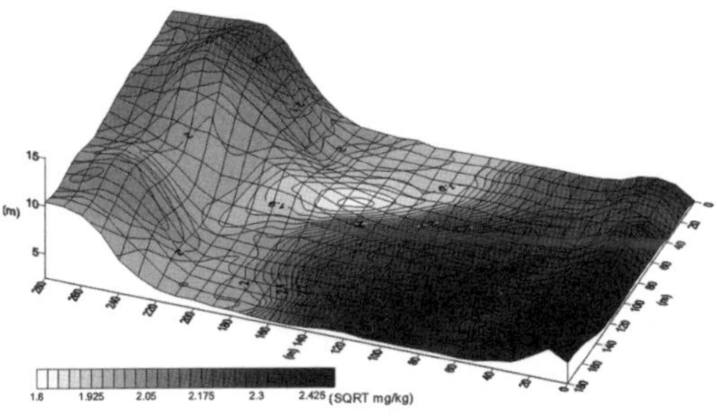

그림 Ⅳ-12. 계속

⑦ Mg^{2+}

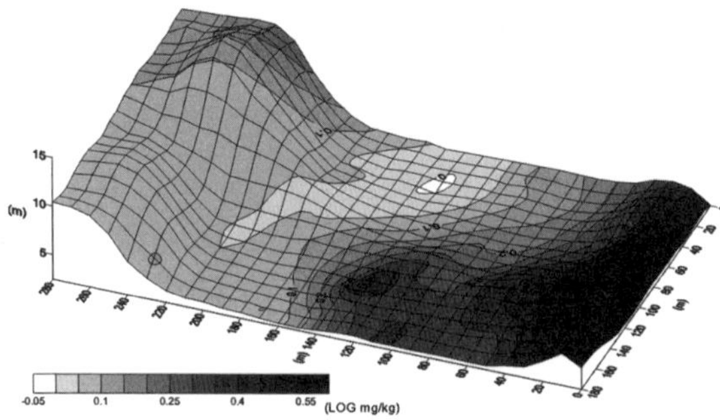

⑧ Ca^{2+}

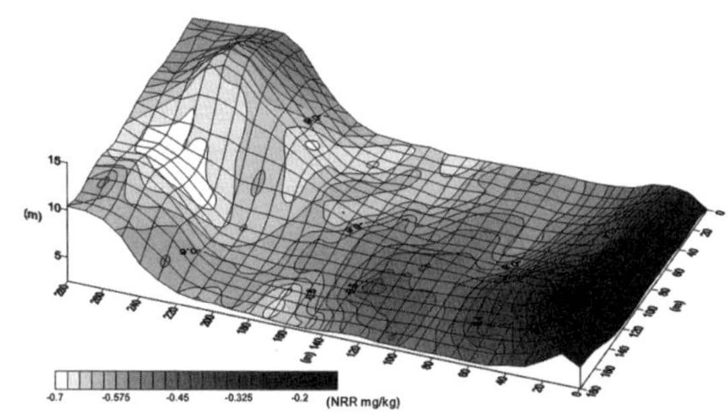

그림 IV-12. 계속

보이는데, 김대현(2004)은 이를 해수 기원의 건식 퇴적 효과 또는 해빈의 모래를 전사구로 이동시키는 바람의 작용이 이들 지화학적 특성의 분포에 영향을 미치고 있는 것으로 주장하였다. 그리고 Na^{+}의 경우 기존의 인식에 의한 가설과는 달리 해안선으로부터의 거리에 따른 기울기를 보이지 않고 오히려 거리의 증가에 따라 그 농도가 다소 증가하는 양상을 보였는데, 이를 자체적으로 지니는 지화학적 특성과 여름철의 집중적인 강우가 형성되는 연구 지역 일대의 기후·기상 조건이 영향을 미친 것으로 해석하였다.

유근배 등(2005)은 신두 해안사구에서 비사와 함께 유입되는 주요 양이온(Ca^{2+}, Mg^{2+}, K^{+}, Na^{+})의 유입량과 유입범위에 대한 연구를 진행하였다(그림 Ⅳ-13). 김대현(2004)과는 달리 표층에서 시료를 채취한 것이 아니고 비사퇴적유도기를 설치하여 비사의 표품을 수집했기 때문에, 토양 자체의 지화학적 특성이라기보다는 사구로 유입하는 주요 양이온의 종류와 양에 초점이 맞추어져 있다. 그림 Ⅳ-13과 같이 신두 해안사구에서 측선을 설정하고 바다에서 내륙방향으로 이동하는 비사(飛砂)를 퇴적유도기를 이용하여 채취하고, 비사의 단위 중량당 유입되는 영양염류의 양을 표 Ⅳ-2와 같이 구하였다. 그리고 이 자료를 서종철(2001)과 류호상(2001)의 비사유입량 자료와 합성하여 표 Ⅳ-3과 같이 신두 해안사구로 유입되는 영양염류의 연간 유입량을 산정하였다. 신두 해안사구지대로 연간 유입되는 주요 양이온의 양을 추산한 결과 해빈 길이 1m당 Ca^{2+}는 평균 26.3kg, K^{+}는 2.7kg, Mg^{2+}는 2.6kg, Na^{+}는 7.2kg이 유입되는 것으로 추산하였다. 전체적으로 비사와 함께 유입되는 양이온의 경우 Ca^{2+}과 Na^{+}이 높은 데 반해 K^{+}와 Mg^{2+}는 적은 값을 보이며, 동일 지점을 기준으로 볼 때 Ca^{2+}와 Na^{+}가 K^{+}나 Mg^{2+}에 비해 2~10배 높고 해안 사구지대의 북측으로 가면서 전반적으로 그 연간 유입량이 많아지는 것을 확인하였다. 이러한 결과를 바탕으로 양이온 농도의 패턴이 해수 내의 양이온의 농도[5]와 관련성이 적으며, 국지적인 요인이나 비사 자체가 가지는 특성과 관계가 있으리라고 주장하였다.

5. 해수에 들어있는 이온은 보통 Cl^{-}(55.07%), Na^{+}(30.62%), SO_4^{2-}(7.72%), Mg^{2+}(3.68%), Ca^{2+}(1.17%), K^{+}(1.10%) 등의 분포를 보인다. 그러나 이 값은 평균적인 수치이므로 시기와 지역에 따라 차이를 보일 수 있다.

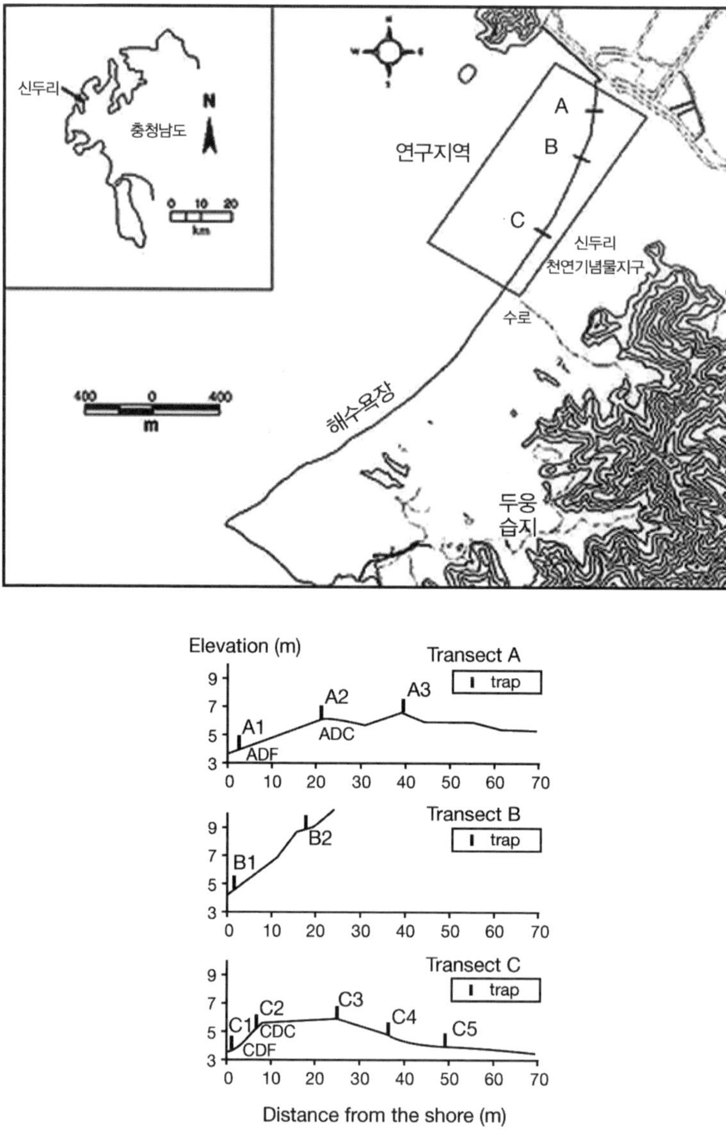

그림 Ⅳ-13. 유근배 등(2005)의 연구지역도(위)와 연구단면(아래)

표 Ⅳ-2. 비사에 의한 양이온의 유입률(단위: mg/kg, 유근배 등, 2005 재편집)

구분	Ca^{2+}	K^{+}	Mg^{2+}	Na^{+}
A	1540	122	131	372
B	840	114	100	227
C	283	123	103	253

표 Ⅳ-3. 신두 해안사구의 비사에 의해 유입되는 주요 양이온의 양(유근배 등, 2005 재편집)

포집 지역	비사유입량 (t/m/yr)			양이온의 유입량 (kg/m/yr)			
	서(2001)	류(2001)	평균	Ca^{2+}	K^{+}	Mg^{2+}	Na^{+}
A	70	4	37	56.2	4.6	4.8	13.8
B	12.2	13	12.6	10.6	1.4	1.3	2.9
C	13,2	4.3	8.8	2.5	1.1	0.9	2.3
전체	34.8	5.5	20.2	26.3	2.7	2.6	7.2

한편 유근배 등(2005)은 비사와 함께 유입되는 양이온의 도달 범위에 대해 비사 자체의 도달 한계보다 짧은 '유효도달거리'를 제시하였는데, 이는 비사이동 과정에서 발생하는 '혼합에 의한 희석 효과(dilution by mixing)'의 영향을 고려한 것이다. 신두 해안사구지대의 경우 비사도달 한계는 사구지대의 부피변화를 고려할 때(서종철, 2001; 류호상, 2001), 해빈-사구 경계로부터 내륙으로 100m 정도에 해당되는 것으로 판단할 수 있으나, 비사의 도약운동 과정을 통한 혼합에 의한 희석효과로 인해 내륙으로 들어갈수록 운반되는 양이온의 양이 감소하기 때문에 실제 '유효도달거리'는 이보다 짧다는 것이다. 전사구의 식피밀도는 이러한 비사이동 과정에 영향을 미쳐 혼합에 의한 희석효과를 조절하는 것으로 판단하였다. 즉, 식피밀도가 높을

수록 특정지점의 해빈사의 비율이 높아져 상대적으로 혼합에 의한 희석효과가 떨어지는 반면, 식피밀도가 낮을수록 기존의 사구사와 혼합되는 비율이 높아져 혼합에 의한 희석효과가 높아진다는 것이다.

유근배 등(2012)은 신두 해안사구의 전사구에서의 영양염류 유입에 관해 해수와 영향을 받는 것은 Na^{+}, Mg^{2+}, K^{+}이며, 전사구의 형태가 비사의 유입에 유리한 조건이면, 공간적으로 더 육지 쪽까지 그리고 시간상으로는 봄철 늦게까지 변화가 큰 것으로 보았으며, Ca^{2+}의 경우는 국지적인 지형적 차이보다는 전체 해안사구 시스템 규모에서 분포가 달라진다고 하였다.

이상의 연구들을 통해 서해안 해안사구 토양의 지화학적 특성과 관련되어 유추되는 사항은 다음과 같다. 첫째, 서해안 해안사구 토양의 지화학적 특성은 바다로부터의 영향이 크기 때문에 전반적으로 해안으로부터의 거리가 영향을 미친다. 둘째, 국지적인 지형의 영향으로 모래의 유입이나 이동이 활발한 장소는 지화학적 특성이 가변적인 측면이 증가하게 되어 해안에 평행한 대상분포에 변이가 일어난다. 셋째, 해안사구 토양의 지화학적 특성을 이해하기 위해서는 그 해안사구에서 발생하는 지형형성 프로세스에 대한 이해가 전제되어야 한다.

3. 서해안 해안사구의 토양과 생물

해안사구 토양의 지화학적 특성과 생물, 특히 식생의 분포와의 관계는 중요하다. 김대현(2004)은 그림 Ⅳ-14와 같이 신두 해안사구에서 토양의 특성과 식생의 분포 간의 관계에 정준배열법(canonical ordination)을 적용하였다. 그림 Ⅳ-14에서 축1의 방향을 따라 수분함량의 직선이 다소 떨어진 데 있으며 수분함량이 높음에 따라 버드나무와 산조풀이

표 IV-4. 신두 해안사구 토양-식생 축 사이의 intraset correlation matrix (김대현, 2004)

변수	Intraset Correlation			
	Axis 1	Axis 2	Axis 3	Axis 4
수분함량	0.34	−0.31	0.24	−0.02
세립사함량	−1.11	0.46	−0.10	−0.05
토양 pH	−0.12	0.76	0.04	0.05
전기전도도(mS/cm)	0.05	0.66	0.11	−0.10
유기물함량(%)	0.10	0.19	−0.21	−0.12
질산염(mg/kg)	−0.06	−0.10	0.15	−0.22
전인(mg/kg)	−0.08	−0.11	−0.02	−0.07
Na^{+}(mg/kg)	−0.05	−0.15	−0.06	−0.04
Mg^{2+}(mg/kg)	0.02	0.71	−0.12	0.00
Ca^{2+}(mg/kg)	0.06	0.79	−0.05	−0.03
K^{+}(mg/kg)	0.15	0.45	−0.23	−0.11

분포하고 있는데, 특히 산조풀을 수분 함량에 의해 뚜렷이 설명되는 식생으로 판단하였다. 반면 갯쇠보리는 수분함량과 부(負)의 관계를 보이고 있다. 띠는 토양수분함량과 약한 수준의 관계가 있다. 전사구에 집중적으로 서식하는 갯그령과 순비기나무는 토양 pH와 전기전도도, Mg^{2+}, Ca^{2+}와 깊은 관계를 보이고 있다. 망초, 잔디, 달맞이꽃 등의 식생은 원점에 가깝게 분포하고 있어 특정한 토양성질을 통해 설명하기 어렵다.

이와 비슷하게 송호경 등(2005)도 DCCA 배열법을 이용하여 신두 해안사구에서 관찰되는 식물군락과 토양 특성의 관계를 살펴보았다. 선택된 군락 중에서 산조풀군락을 다른 군락들과는 달리 수분 등 미기후적인 측면에서 차이가 있는 것으로 설명하였으며, 다른 군락들은 pH가 분포에 큰 영향을 미치고 있고, 이외에 양이온치환용량, 전질소, 유기물 함량, 실트의 함량이 군락들의 분포와 상관이 있는 것으로

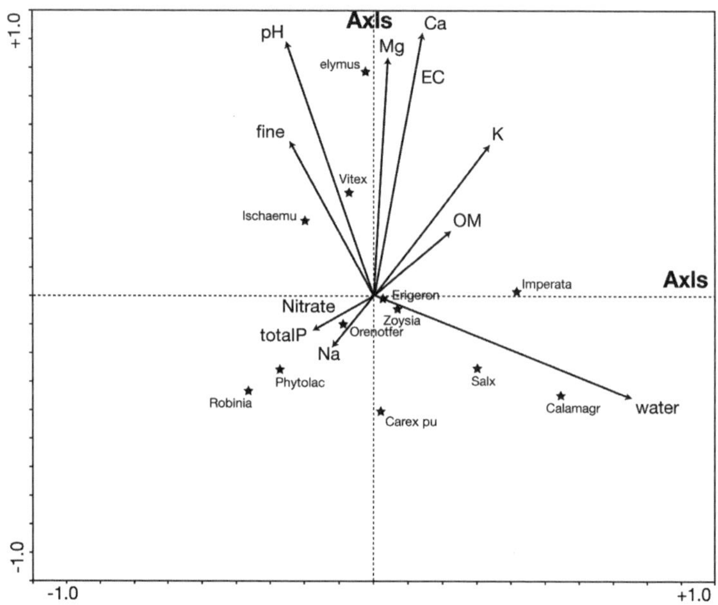

그림 IV-14. 신두 해안사구의 토양-식생 사이의 RDA(Redandancy Analysis Ordination) 결과(김대현, 2004)

Elymus: 갯그령, *Vitex*: 순비기나무, *Ischaemu*: 갯쇠보리, *Imperata*: 띠, *Zoysia*: 잔디, *Calamagr*: 산조풀, *Salix*: 버드나무, *Carex pu*: 좀보리사초, *Oenotfer*: 달맞이꽃, *Erigeron*: 망초, *Robinia*: 아까시나무, *Phytolac*: 미국자리공

설명하였다(표 IV-5). 각 사구 군락들과 토양의 환경요인들과의 상관관계를 보면 그림 IV-15와 같이 해당화 군락이 다른 군락들에 비하여 양이온치환용량, 전질소, 유기물함량이 높고 pH가 낮은 곳에 주로 분포하며, 순비기나무군락, 통보리사초군락, 사철쑥군락은 양이온치환용량, 전질소, 유기물함량이 낮고 pH가 다소 높은 곳에 주로 분포하여, 띠군락과 좀보리사초군락은 양이온치환용량, 전질소, 유기물함량, pH가 중간 정도인 곳에 분포하는 것으로 파악하였다.

표 Ⅳ-5. 신두 해안사구에서 토양환경 변수 사이의 inter set correlation (송호경 등, 2005)

변수 \ Axis	Correlation coefficients	
	1	2
유기물함량	−0.664*	−0.034
전질소	−0.706	−0.036
가용성 인	−0.192	0.351
치환성 칼륨	0.131	0.360
치환성 칼슘	0.592	0.309
치환성 마그네슘	−0.183	−0.437
치환성 나트륨	0.345	−0.155
pH	0.861**	0.379
CEC	−0.732*	−0.089
모래	0.170	0.132
실트	−0.658*	0.226
점토	−0.016	−0.199
고유값(eigenvalue)	0.270	0.069

**$p<0.01$, *$p<0.05$

김대현(2004)과 송호경 등(2005)의 연구에서 공통으로 식생의 분포에 높은 영향을 미치는 것으로 밝혀진 항목은 pH, Ca^{2+}이다. 물론 두 연구의 연구방법의 차이나 표본 장소 등의 차이 때문에 단순히 공통분모를 찾는 것이 무리일 수 있지만, 이 두 항목은 나름의 의미를 제시해준다. 일반적으로 pH는 바다로부터의 유입되는 영양염류의 정도에 의하여 결정되며, 해안선에 가까워질수록 높아지는 경향이 있다. 그러나 유기물에 의한 유기산뿐만 아니라 Ca^{2+}, Mg^{2+}, Na^{+}, K^{+} 등의 영양염류가 복합적으로 작용하기 때문에 국지적인 편차가 나타날 수

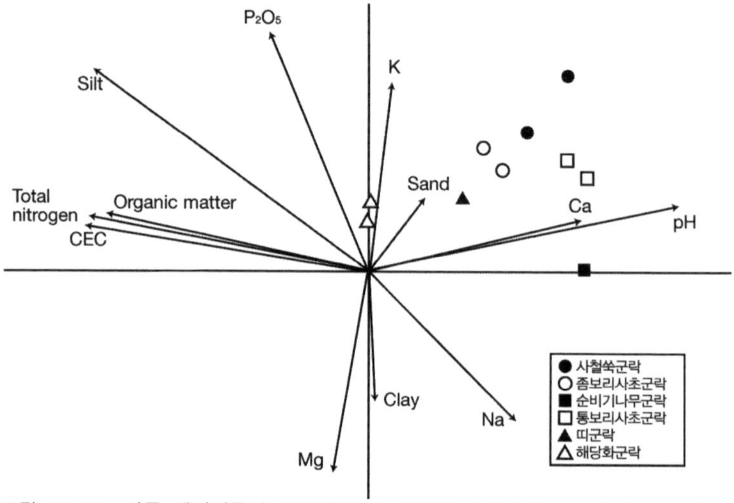

그림 Ⅳ-15. 신두 해안사구의 토양환경변수 사이의 DCCA(detrended canonical correspondence analysis) 다이어그램(송호경 등, 2005)

있다. 서해안의 해안사구에서는 유기물 함량이 낮게 나타나는 것이 일반적이기 때문에, pH는 일부 사구습지를 제외한 대부분의 지역은 바다로부터 유입된 영양염류에 의하여 결정되기 쉽다. 신두 해안사구로 한정해서 본다면 이러한 영양염류 중에서 Ca^{2+}가 pH를 높은 상관도를 보인다. 유근배 등(2005)은 이를 국지적으로 굴양식장이나 간석지로부터 유입되는 패각 등이 영향을 미치기 때문으로 설명하였다. 서해안 해안사구에서 관찰된 바로는 해안사구가 활발히 퇴적과정을 거치고 있는 장소에는 패각이 다수 포함되어 있어 Ca^{2+}의 함량이 높게 나타난다.

김대현(2004)과 송호경 등(2005)이 pH와 Ca^{2+}과 연관이 높은 식생으로 순비기나무, 통보리사초, 갯그령 등을 들었다. 이 식생들은 해안선에 인접하여 잘 관찰된다는 점에서 서해안의 해안식물 중 지형학이나 토양학적 측면에서 서해안 해안사구의 역동성을 가장 잘 표현해주는 지표식물로 간주한다.

마지막으로 기존의 시각은 해안으로부터 다량의 영양염류가 공급되면 식물에는 스트레스 요인이 되어 식생의 분포를 제한한다는 것이다. 그러나 해안사구에서 관찰되는 식물들은 이러한 스트레스를 잘 조절하는 특성이 있는 경우가 많다. 사구 식생의 관점에서 보자면 이는 내륙의 다른 식생을 배제하는 메커니즘으로 작용하여 해안사구식생의 독특한 서식처를 유지할 수 있다. 최성철 등(2004)에 따르면, 한반도의 해안사구에서 관찰되는 갯쇠보리, 통보리사초, 좀보리사초 등의 벼과와 사초과 해안식물은 Na^+와 Cl^- 이온을 효과적으로 배제하여 체내에 낮은 함량을 유지하였으며, K^+ 이온을 선호하고 많은 당을 삼투물질로 축적하는 방식으로 사구지역에 적응한다.

4. 소결

이 장에서 우리는 생태서식처로서 서해안 해안사구를 이해하기 위하여 토양을 중심으로 논의하였다. 생물들이 살아가는 데 기반이 되는 해안사구의 토양은 내륙의 여러 토양과 비교되는 독특한 특성을 지니고 있다. 그 독특한 특성에서 각각의 생물들이 적응하며, 때로는 능동적으로 대처하며 삶을 영위하고 있다. 이번 장에서 살펴본 내용을 종합하고 앞으로의 연구 과제를 설정해본다면 다음과 같다.

첫째, 해안사구의 토양은 해안사구가 처한 환경에 따라 매우 다양한 성격을 지니고 있다. 사구의 형성시기와 각 하위단계의 해안사구 지형에 따라 매우 복잡한 측면이 존재한다. 기존에 단순히 토양통 수준으로 파악되던 해안사구의 토양을 좀 더 세분화할 필요가 있다.

둘째, 서해안 해안사구에서 광범위하게 관찰되는 고토양층은 지금까지의 연구결과로 본다면 홀로세 기간 이내에서 형성된 것으로 볼 수 있으며, 이는 서해안 해안사구의 형성 휴지기를 지시한다고 볼 수 있다. 한편 이러한 고토양층의 형성에 대한 이해는 사구지형과 사구 식생의 상호관계를 연결해줄 수 있는 귀중한 정보가 될 것이다. 앞으로도 고토양에 대한 정확한 이해를 위해 많은 연구가 있어야 할 것이다.

마지막으로 해안사구 토양의 지화학적 특성과 식생과의 관계는 밀접하다. 특히 해안사구에서는 해안으로부터의 거리, 국지적인 지형의 특성으로 다양한 지화학적 특성이 나타나고 이는 생물다양성에 큰 영향을 미친다. 서해안의 해안사구는 해수 기원의 양이온들이 매우 높게 유입되고 있으며, 이에 대한 연구를 위해서는 사구형성 프로세스에 관한 정보가 더욱 필요하다. 한편 현재까지의 토양이 지화학적 특성과 식생 간의 관계에 대한 연구를 살펴볼 때, Ca^{2+}, pH는 서해안 해안사구에서 식생의 분포 패턴을 가장 잘 설명해주는 변수라고 볼 수 있다.

V. 서해안 해안사구의 수문

해안사구 내에 존재하는 담수는 해안사구의 생물이 생장에 큰 영향을 미치며, 해안사구생태계의 주요 구성요소가 된다. 해안사구의 수문특성은 지형이나 식생, 혹은 지형에 따라 다양하게 나타나는데, 특히 생태학적으로 다양성이 높은 사구 저지(dune slack)의 형성에 중요한 역할을 한다. 서해안 해안사구지대의 수문연구가 매우 짧기 때문에 여기에서는 해안사구의 수문현상을 이해하기 위한 기초지식을 주로 논의하고자 한다.

1. 해안사구의 수문 순환

서해안 해안사구의 수문변화는 황해의 수문변화에서부터 최근의 변화에 이르기까지 다양한 시·공간 규모를 고려하며 접근해야 한다. 우선 시간 규모의 관점에서 본다면 해안사구의 변화에 중요한 수문조건의 변화는 I장의 그림 I-2에서 설명한 것처럼 해양의 변화조건과 기후변화조건과 같은 장기간의 외적인 영향이 중요하다. 장기간의 환경 변화는 해안사구의 수문 순환에 영향을 주고 해안사구의 생태계를 변화시키는 중요한 인자가 된다. 한편 미시적 관점에서는 매 강수 또는 조석의 변화에 따라 발생하는 수분의 이동이 모래라는 다공질 매체 내에서 이루어진다는 것을 이해할 필요가 있다.

해안사구로의 수분의 유입은 크게 두 가지 측면에서 고려할 수 있다. 첫 번째는 해안사구지대 내의 직접적인 강수 때문에 수분의 유입이며, 두 번째는 해안사구지대의 배후 사면으로부터의 유입이나 지하수의 이동을 통한 수분의 유입이 있다. 직접 강수에 의해 사구지대 내로 공급되는 수분은 주로 세립질 모래로 구성된 퇴적물 사이의 공극으로 침투된다. 공극률은 일반적으로 세립질 모래로 구성된 퇴적물은 26~53% 범위(이근상, 2002)를 보이지만 대체로 40% 이상이 된다.

매체의 총 체적에 대해 중력에 의해 배출 가능한 물의 총 체적의 비를 비산출률(specific yield)이라 하고, 남은 물의 체적비를 비보유율(specific retention)이라고 하는데, 해안사구 지대의 퇴적물이 되는 모래질은 비산출률과 비보유율의 차이가 크기 때문에 지하수면이 가까이 위치하지 않는 곳은 쉽게 중력에 의해 배수된다. 사구지대가 오랜 기간 안정화되어 토양화 과정을 거치지 않으면 지표면에 가까운 퇴적물의 수분함량은 높지 않다. 해안사구지대는 주변 삼림 등에 비해 식피율이 낮기 때문에, 태양의 복사로 인한 증발이 쉽게 일어난다. 한편, 사구지대는 해안에 인접해 있고 평균고도가 낮기 때문에 지하수면이 지표면 상으로 노출되기도 한다. 해안사구에서의 지하수 이동은 지형이나 수문조건에 따라 지역적 특성을 나타내지만 대체로 육지에서 바다 방향으로 지하수가 흐르게 된다(그림 V-1).

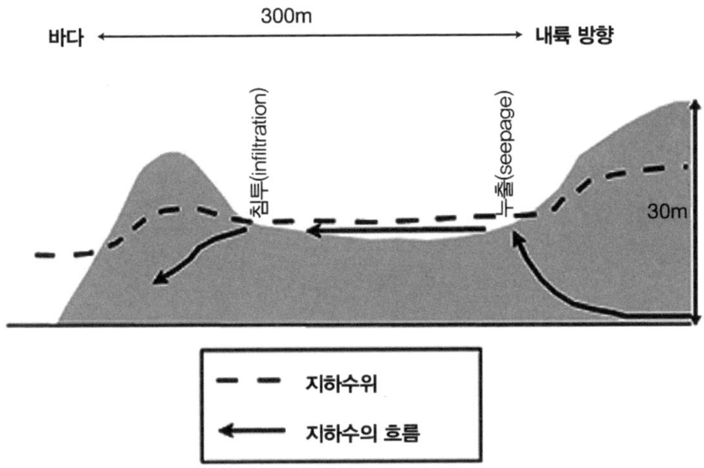

그림 Ⅴ-1. 사구저지 습지에서의 지하수의 이동(Bakker *et al.*, 2005)

1889년 바던 기벤(Badon Ghyben)과 1901년 알렉산더 헤르쯔버그(Alexander Herzberg)는 담수와 염수가 지표 아래에서 일정한 평형을 이룬다는 사실을 밝혔다. 해안사구가 함양하는 지하수는 담수이며, 염수보다 밀도가 낮다. 해안사구의 지하에는 그림 Ⅴ-2와 같은 형태의 담수-염수 계면이 형성된다. 담수와 염수의 경계는 비중의 차이 때문에 위층에 형성되는 담수의 압력과 아래쪽에 있는 염수의 압력이 평형을 이루는 지점이 된다(Bakker, 1990). 이를 기벤-헤르쯔버그(Ghyben-Herzberg) 관계라고 한다. 일반적으로 담수의 밀도는 1000kg/㎥이고 염수의 밀도는 1,025kg/㎥이기 때문에 해수면을 기준으로 아래쪽의 담수의 깊이(H)는 위쪽의 담수의 높이의 40배가 된다. 그러나 다른 조건들이 작용하여 15배에서 20배로 나타나는 것이 일반적이다(Bakker, 1990). 기벤-헤르쯔버그의 관계를 볼 때, 해안사구지대의 담수 지하수층은 볼록한 해안사구의 지형의 영향을 받아 볼록한 렌즈 모양을 띤다(Willis *et al.*, 1959; Ranwell, 1972).

$$(h+H)\cdot\rho f = H\cdot\rho s$$

$$H = h\cdot\frac{\rho f}{\rho s - \rho f}$$

$$= h\cdot\frac{1000}{1025-1000}$$

$$= 40h$$

수식 V-1. 기벤-헤르쯔버그의 관계

h: 지하수면의 해수면 높이

H: 담수의 해수면 아래 깊이

ρf: 담수의 밀도(kg/㎥)

ρs: 염수의 밀도(kg/㎥

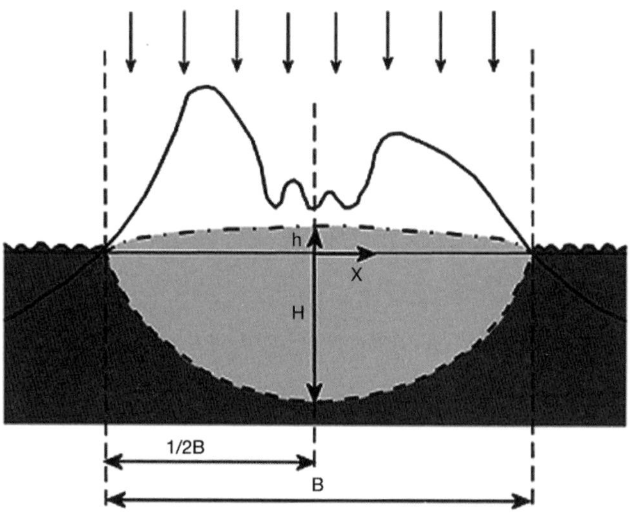

그림 V-2. 해안사구에서의 담수와 염수의 관계(Ghyben-Herzberg 관계)
(Bakker, 1990 재구성)

Bakker(1990)는 유럽지역에 나타나는 해안사구들을 수문조건에 따라 배후에 저지가 나타나는 사구, 배후에 육상 환경이 나타나는 사구, 그리고 건조지역에 형성된 사구로 나누었다. 서해안에서는 이 중

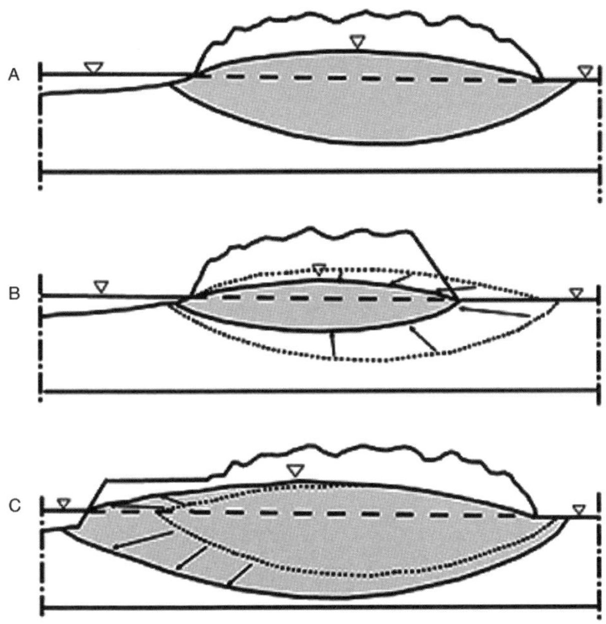

그림 Ⅴ-3. 해안사구의 지형변화에 따른 담수와 해수의 관계
A: 일반적인 담수-해수의 관계
B: 해안사구의 감소로 인한 담수층의 감소
C: 해안사구의 성장을 통한 담수층의 증가

전자의 두 가지가 관찰된다. 배후에 저지가 나타나는 사구는 강수에 의해 지하수가 공급되어 지하수면에 유지될 수 있다. 지하수는 바다 방향으로 혹은 배후의 저지로 유출된다. 지하수면의 높이는 강수량과 퇴적물의 수리전도도, 사구지대의 폭 등에 의해 결정된다. 퇴적물의 수리전도도는 사구 퇴적물의 입도분포와 배열 등 퇴적학적 요소에 의하여 결정된다.

일반적으로 지하수면의 형태는 지형과 유사해서 해안사구의 성장이나 쇠퇴에 따라 지하수체의 형태와 용적이 변한다. 해안사구가 성장할 때, 지하에서는 담수-해수 계면이 바다 쪽으로 확장하게 되어 담수의 용적이 증가한다(그림 V-3).

일반적으로 해안사구에서는 이전 3개월 동안 내린 강수와 지하수위는 높은 상관성을 가진다. 사구 정상부근에서의 지하수위의 변화는 사구 주변부분보다 크게 나타나고, 사구에 내린 강수는 25~35%가 지하수로 유입되고 나머지는 증발산으로 유출된다(Packham and Willis, 1997).

지하수가 지표 위로 노출되면서 사구저지 습지를 형성한다(그림 V-1). 사구습지는 습윤한 환경에 적응된 종이 서식하여 사구생태계의 생물다양성을 높이는 중요한 역할을 한다.

사구저지를 제외한 해안사구에서는 토양 내에 수분의 함량이 낮다. 따라서 해안사구에서 수분함량은 식생의 서식에 가장 중요한 제한요인으로 알려져 왔다. Ranwell(1958)은 그림 V-4와 같이 지하수위가 지하 1~2m 깊이에 형성된 뉴브로프 워렌(Newborough Warren)의 사구지대에서 모세관 현상으로 지하수면보다 45cm 높은 부분까지 수분이 공급되지만 1m 이상에서는 지하수가 토양의 수분함량에 영향을 미치지 않는다고 하였다(Packham and Willis, 1997).

Olsson-Seffer(1909)는 평균입도 30~50㎛의 토양 내에서는 모세관 현상으로 수분이 상승하는 효과가 40cm 정도에 지나지 않는다고 하였다. 해안사구에서는 일반적으로 지하수면이 지하 3~4m 깊이에 분포하므로 지하수로부터의 수분공급만으로는 식생의 생장에 필요한 수분이 충분하지 않다. 따라서 사구지대의 식물생장에서 지하수로부터의 수분공급 이외의 수분공급원이 중요하다. Ranwell(1972)은 수분의 주요 공급원으로서 강우를 들고 있다. 강우 일부가 토양 내에서 표면장력에 의해 토양 입자에 붙어 있는 표면장력수(pendular water)도 유용한 공급원이다. Olsson-Seffer(1909)는 주·야간의 기온 차이에 의해 응결되는 수증기도 중요한 공급원이라고 주장한다. 여름철 청명한 날

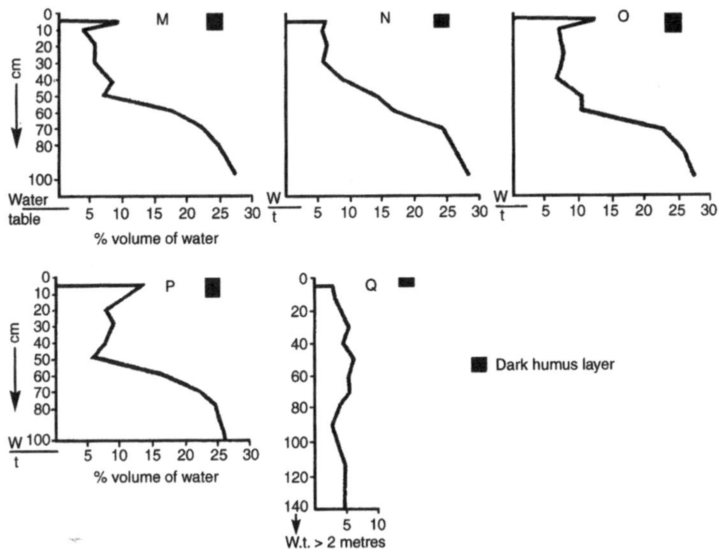

그림 V-4. 영국의 뉴브로프 워렌 사구지대 토양수분의 수직적인 분포
(Ranwell, 1958; Packham and Willis, 1997 재인용)

의 밤 동안 토양 100ml당 0.9ml의 수분이 증가한다(Salisbury, 1952). 하룻밤 동안 최고 0.2~0.4mm의 이슬이 발생할 수 있는데(Monteith and Unsworth, 1990), 이러한 양은 매우 건조하고 더운 기간에 뿌리가 물을 빨아들일 수 있는 최소한의 요건에 해당한다(Packham and Willis, 1997). 한편 습기를 머금은 해풍이 식물의 표면이나 모래입자의 표면에서 응결되어 이슬이 발생할 수 있다(Packham and Willis, 1997). 해안에서 살아가는 해안사구의 식생은 토양수분의 절대량은 부족하지만 여러 가지의 방식으로 수분을 흡수하여 환경에 적응하고 있다.

Ranwell(1972)은 지하수면의 깊이에 따른 사구 식생의 서식처 유형을 반습윤(semiaquatic), 습윤저지(wet slack), 건조저지(dry slack), 그리고 일반적인 사구지(dune)로 구분하였다. 첫째로, 반습윤서식처

(semiaquatic habitat)는 지하수면이 지하 50cm 이하로 내려가지 않는 조건을 지닌다. 이곳에서는 습지 식물(amphibious hydrophyte)이 우점하며 식물의 뿌리는 거의 항상 물에 잠긴 상태이다. 둘째, 습윤저지서식처(wet slack habitat)가 있다. 이곳은 지하수면이 지하 1m 이하로 내려가지 않으며 선태류(bryophyte)가 풍부하다. 식물의 뿌리는 연중 내내 충분한 수분을 흡수할 수 있는 범위에 분포한다. 셋째로, 건조저지서식처(dry slack habitat)에서는 지하수면이 연중 내내 지하 1~2m 사이에 분포한다. 뿌리가 지표로부터 얕게 분포하는 식물은 지하수면의 영향권에서 벗어나 있지만, 뿌리가 깊게 분포하는 종은 지하수면에까지 뿌리가 도달해 가뭄 중에도 수분을 흡수할 수 있다. 이곳에서는 특히, 수분접촉성 식물(phreatophyte)과 초본 식생이 풍부하다. 마지막으로 사구서식처(dune habitat)는 지하수면이 지하 2m 이상의 깊이에 존재하고 있다. 대부분의 식물은 뿌리조차 지하수의 영향에 있으며, 표면 장력에 의해 토양 입자에 붙어 있는 수분(pendular water)에 의존한다. 이러한 서식처에서는 건생식물(xerophyte)이 우점한다.

2. 서해안 해안사구의 수문 특성

해안사구의 수문을 이해하기 위해서는 첫째, 해안사구가 형성되어 있는 주변의 지형특성을 살펴보아야 한다. 둘째, 조석의 변화에 따른 지하수면의 변동 등과 같은 수문현상이며, 마지막으로는 사구지대의 수분 순환에 영향을 미치는 식생이다.

서해안의 해안사구는 대체로 포켓비치의 후면에 발달하거나 육지에 연결된 사주의 후면에 발달한다. 포켓비치의 후면에 발달한 해안사구의 수문순환은 배후지형의 형태에 크게 영향을 받는다. 포켓비치의 후면에 발달한 사면에 강수 등으로 지하수위가 변하면, 해안사구의 지하수위가 영향을 받는다. 사주를 따라 형성된 해안사구는 사주 주변의 조수통로나 조석의 움직임 등이 해안사구의 수문변동에 큰 영향을 미친다.

서해안에서는 조석간만의 차가 크기 때문에 사구지대의 지하수위에 영향을 줄 것으로 생각된다. 일반적으로 만조 시에 해수면이 상승하면 그로 인한 압력으로 지하수위가 상승하는 경향이 나타난다. 사주에 형성되어 있는 사구는 만조 시에 사구의 전면, 측면, 후면에 이르기까지 염수가 도달하게 되어 기존의 담수 지하수체는 전면부와 후면부가 염수에 둘러싸인 반폐쇄적인 형태를 이룰 수 있다. 간조 때에 해수면이 하강하게 되면 렌즈형태의 담수체를 밀어주던 힘이 하강하게 되어 담수 지하수체에서 담수가 해수 쪽으로 이동하게 된다. 해빈의 두께가 얇은 해빈에서는 지하수가 유출하는 것을 쉽게 관찰할 수 있다. 따라서 조석의 주기와 강도에 따라 사구지대의 지하수체는 상승과 하강을 반복한다.

해안사구에서 수문순환은 사구체 내에 포함된 수분이 중력에 의한 하부이동뿐 아니라 식생의 뿌리를 통해 흡수된 수분이 증산작용 등을 통해 대기 중으로 유출된다. 조림되어 있는 사구지대와 자연생태의 사구지대의 수문순환은 차이를 보일 가능성이 크다.

다양한 미지형으로 이루어진 해안사구 지역은 지형 구배에 따른 지하수의 양태가 매우 다르다고 할 수 있다. 사구저지에서는 지하수면이 지표면에 가까워지며 사구열 정상에서는 지하수면이 지하 깊은 곳에 형성된다. 안면도의 병술안에 위치한 해안사구는 사구열이 3열로 이루어져 있다. 사구열의 정상에서 시추를 통하여 확인한 지하수위의 깊이는 1열에서 3열까지 각각 지하 8.25m, 6.95m, 5.60m였으며, 사구열 뒤쪽에 있는 사구저지에서는 2.4m였다. 안면도의 운여 해안사구는 2차 사구에서도 지하수는 사구정상에서 8.2m 깊이에 존재하였다.

그림 Ⅴ-5. 사구절개지의 지하수면 노출(안면도 운여곡사구, 2000년, 촬영: 신영호)

기지포 해안사구의 경우 2차 사구 후면부에서 지하수면이 8.3m에 이르렀다. 이는 앞에서 소개한 Ranwell(1972)의 기준에 보면 대부분 지하수의 깊이가 2m 이상인 Dune habitat에 해당한다. 서해안의 사구열 정상부에 서식하는 대부분 식물은 토양 입자에 붙어 있는 수분(pendular water)에 거의 전적으로 의존하는 것으로 보인다.

규사채취가 일어났던 운여사구에서 사구의 지하수체를 잘 관찰할 수 있다(그림 Ⅴ-5). 그림 Ⅴ-6은 신두 해안사구의 사구저지 부분을 촬영한 것으로 사진의 중앙부 오른쪽을 중심으로 지하수면이 노출되어 수면 주변의 식생이 주위의 다른 사구식생과 뚜렷이 구별된다. 그림 Ⅴ-7은 김대현(2004)이 서해안의 신두 해안사구 지대에서 파악한 퇴적물 내 수분 함량의 공간적 분포를 나타낸 것이다. 지형의 기복과 지하수면이 유사한 형태를 나타내며, 토양 수분 함량에도 사구저지를 중심으로 주변에 비해 낮은 지형면을 보이는 부분과 골의 형태로 오목하게 들어간 부분에서 토양수분량이 높게 나타난다.

그림 Ⅴ-6. 신두 해안사구의 사구저지와 지하수면의 노출(촬영: 신영호)

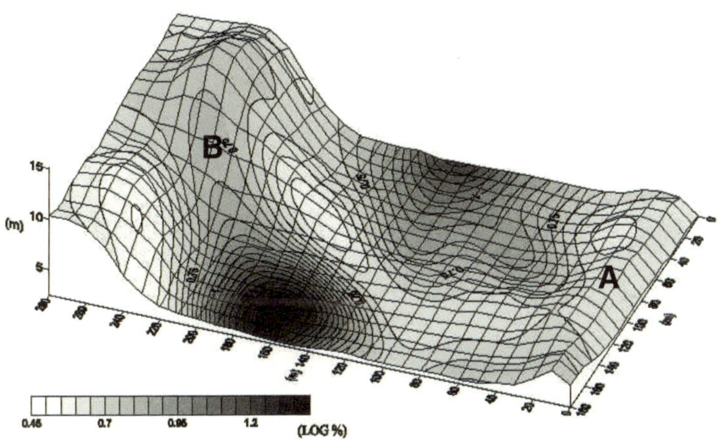

그림 Ⅴ-7. 신두 해안사구 지대에서 토양 수분 함량의 공간적 분포(김대현, 2004)

표 V-1. 신두 해안사구의 지하수위 변화(2003년)(태안군, 2004 재편집)(단위: cm)

월/일	A1	A2	A3	B1	B2	B3	C1	C2	C3	D1	D2	D3
3/22	699	721	652	639	646	769	360	995	-	-	-	-
4/20	692	712	683	643.5	647.5	769	363	997	743.5	1,002	1,007	-
5/10	714	733	683	658	667	788	373	1006	797	1,007	1,002	-
5/24	687	707	668	642	638	759	362	996	742	1,000	-	-
6/7	681	705	668	636	608	759	353	990	731	1,065	1,002	-
6/21	745	789.5	720.5	690	698	845	410	1,070	728	1,053	1,015	-
8/7	779	796	723	697	700	849	417	1,049	734	1,053	1,033	2,541
8/8	777	794	726	690	700	846	419	1,047	736	1,053	1,028	2,545
8/9	747	-	-	686	697	-	410	1,045	734	1,053	1,023	2,542
8/10	744	794	730	681	697	843	413	1,042	735	1,052	1,021	2,544
8/29	774	829	755	719	715	864	436	1,067	764	1,065	1,028	2,545
10/3	785	832	781	684	699	869	428	1,068	771	1,053	1,008	2,532
10/20	770	827	771	676	692	862	418	1,058	757	1,053	1,008	2,526
11/2	765	821	763	675	691	854	415	1,054	753	1,050	1,008	2,517
11/16	752	811	753	674	689	835	410	1,048	747	1,049	1,009	2,505
12/13	736	798	737	672	684	826	403	1,042	736	1,050	1,007	2,491
평균(A)	740.4	778.0	720.9	672.7	679.3	822.5	399.4	1,035.9	747.2	1,043.9	1,014.2	2,528.8
표준편차	35.4	48.0	41.1	23.4	29.4	41.2	27.2	28.7	18.7	21.7	10.4	18.9
고도(B)	803	772	867	708	804	1,000	500	1,000	747	1,000	1,000	2,542
B-A	62.6	-6.0	146.1	35.3	124.7	177.5	100.6	-35.9	-0.2	-43.9	-14.2	13.2

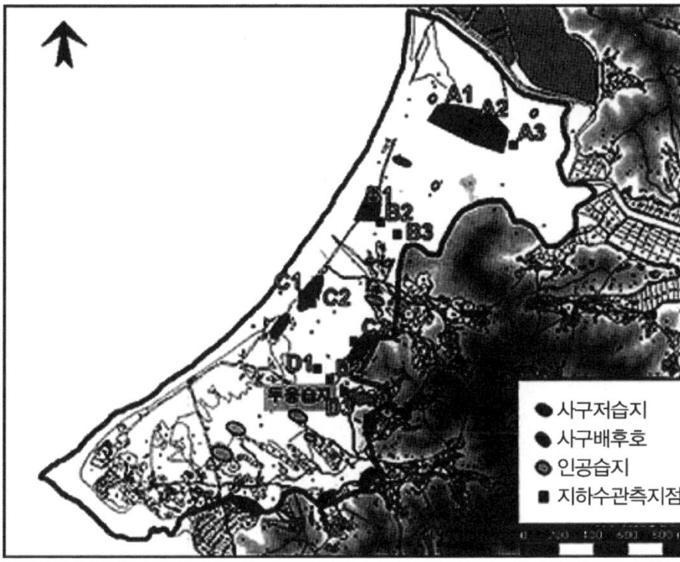

그림 V-8. 신두 해안사구의 지하수위 관측지점(2003년)
(김성환 등, 2008 수정)

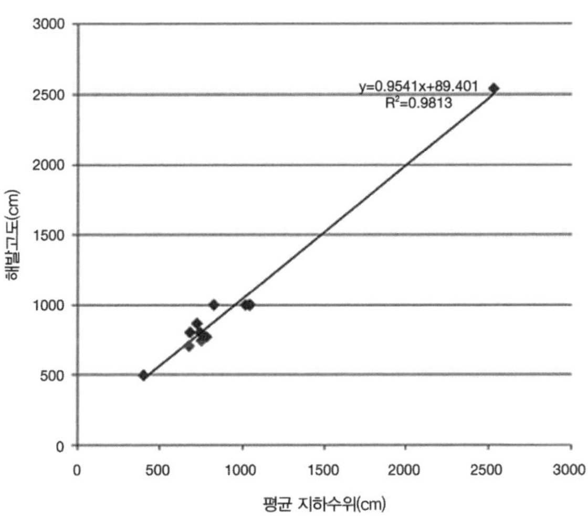

그림 V-9. 평균 지하수위와 해발고도의 관계

신두 해안사구지대에서 2003년 3월부터 2003년 12월까지 약 10개월에 걸쳐 지하수위의 변화와 강수량의 변화를 조사한 결과(표 V-1, 그림 V-8, 태안군, 2004)를 살펴보면 각 조사지점에서의 평균 지하수위(B-A)는 178cm~-44cm[1]의 값을 보이며, 같은 사구지대 내에서도 지점별로 편차가 큰 것을 보여준다. 그림 V-9는 같은 자료를 이용하여 평균 지하수위와 해발고도와의 관계를 작성한 것이다. 조사지점 수가 적어 통계적인 유의성을 확보하기는 부족하지만 고도가 높을수록 평균 지하수위가 깊게 나타남을 알 수 있다.

외국에서는 특히 사구의 연대가 오래되어 식생이 피복된 지역에서는 강우 시의 지표유출로 지표면이 침식되는 경우가 보고되고 있다. 서해안의 사구지대에서는 강우 시에 해안사구의 표면에 직접 내리는 강우는 빠르게 퇴적물 사이로 스며들어 쉽게 지표수의 흐름이 생성되지 않는다. 이론적으로는 충분히 강우가 발생하여 퇴적물의 간극이 수분으로 충만된다면 지표수의 흐름이 발생할 것으로 예측이 되지만, 구체적 연구사례는 없다. 6~7월의 장마 기간에도 해안사구지대 내에서는 포상류나 릴류 등 지표수의 흐름이 발생하지 않았다.

3. 서해안 해안사구의 사구습지 수문

생태적 서식처로서 해안사구의 다양성을 잘 보여주는 곳은 사구습지가 대표적이다. 서해안의 해안사구에서도 이러한 습지들을 다수 관찰할 수 있다. 김성환 등(2008)은 신두 해안사구의 사구습지를 형성위치

---

1. -는 지하수 위가 지표보다 높다는 것을 의미하며, 일시적 웅덩이를 형성하기도 한다.

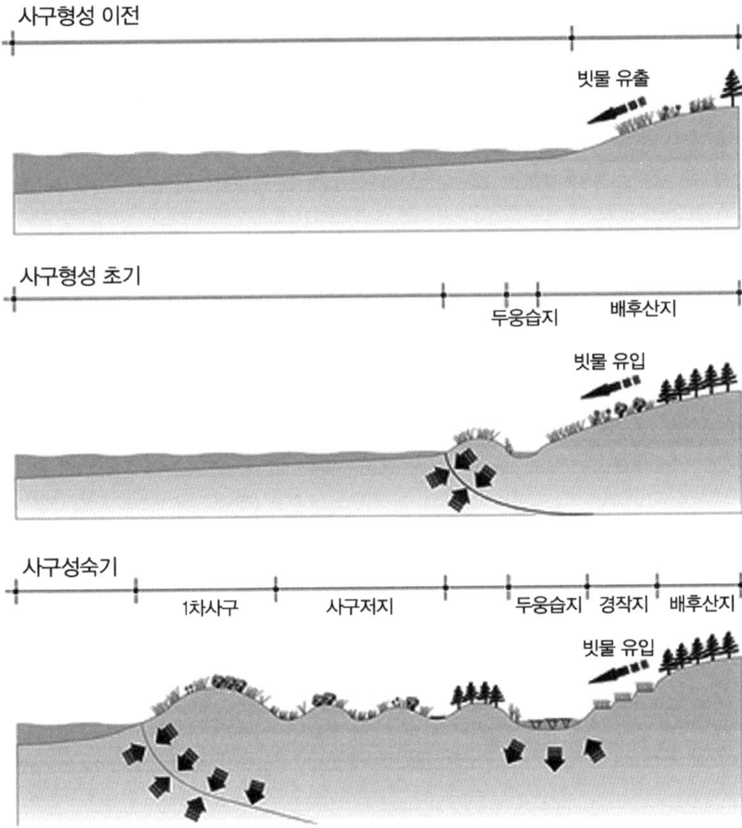

그림 V-10. 신두 사구지대 두웅습지의 형성과정 모식도(김성환 등, 2008)

에 따라 사구지대에 형성되는 것과 사구지대와 배후산지 사이에 형성되는 것으로 나누고 이를 각각 '사구저습지'와 '사구배후호'로 구분하였다. 또한 사구지대 내부에 분포하는 습지(사구저습지)는 전사구열과 2차 사구열 사이에 고도가 낮고 평탄한 사구저지에 형성된 것과 기복이 크게 나타나는 습지에 형성된 것으로 다시 구분할 수 있다. 사구저습지에서는 강수와 지하수가 주요 공급원이며, 사구배후호의 경우에는 강수와 지하수 외에 배후산지에서도 수분이 공급된다. 김성환 등(2008)은 신두 해안사구를 배후산지의 전면부에 형성된 사구지대로 보았는데, 이는 Bakker(1990)의 분류기준에 따르면 배후에 육지부가 나타나는 사구에 해당하는 것으로 파악한 것이다. 신두 해안사구의 습지형성과정을 그림 V-10과 같이 모식도로 제시하였다.

김성환 등(2008)은 앞에서 제시한 태안군(2004)의 자료(표 V-1)를 근거로 A와 B지점은 사구저습지와 주변 지역에 있으며, D지점은 사구배후호와 주변지역에, C지점의 1번과 2번은 사구저습지 속하고 3번은 사구배후호에 위치하기(그림 V-8) 때문에 지하수위의 변화가 상반되어 나타난다고 보았다. A지역과 B지역에서의 지하수위는 계절적으로 변화가 두드러지게 나타나고 있으며, 강우에 따른 지하수위의 변동도 대체로 빠르게 나타난다. 반면에 사구배후호에 해당되는 C지역의 3번 지점과 D지역에서는 지하수위의 계절적인 변화가 거의 나타나고 있지 않는다.

원자료를 그래프로 변환한 것이 그림 V-11이다. 꺾은선그래프는 각 지점 간의 차이를 확인할 수 있도록 각 지점의 해발고도 값을 제한 지하수위의 높이를 표시한 것이고 막대그래프는 해당 월의 강수량을 표시한 것이다. 표 5-1에서 계산해 둔 지점별 지하수위의 표준편차를 보면 A의 모든 지점, B2와 B3, 그리고 C1과 C2 지점에서는 편차가 크게 나타나고 D의 모든 지점, C3 지점에서는 편차가 크지 않다. D3는 결측치가 많아 편차가 적게 나타날 수 있지만, D의 다른 지점의 값을 고려한다면, 사구저습지(A지점과 B지점)와 사구배후호(C3와 D지점) 간의 수문변동이 다른 패턴을 보인다고 할 수 있다.

강수량 자료와 비교해보면 대부분 측정지점에서 지하수위의 높이가 최대인 시기가 최대 강수량이 나타나는 7~8월 이후 9~10월과 일치한다. 이러한 경향은 해안사구에서는 이전 3개월 동안 내린 강수와 지하수위는 높은 상관성을 가진다(Packham and Willis, 1997)는 설명이 서해안의

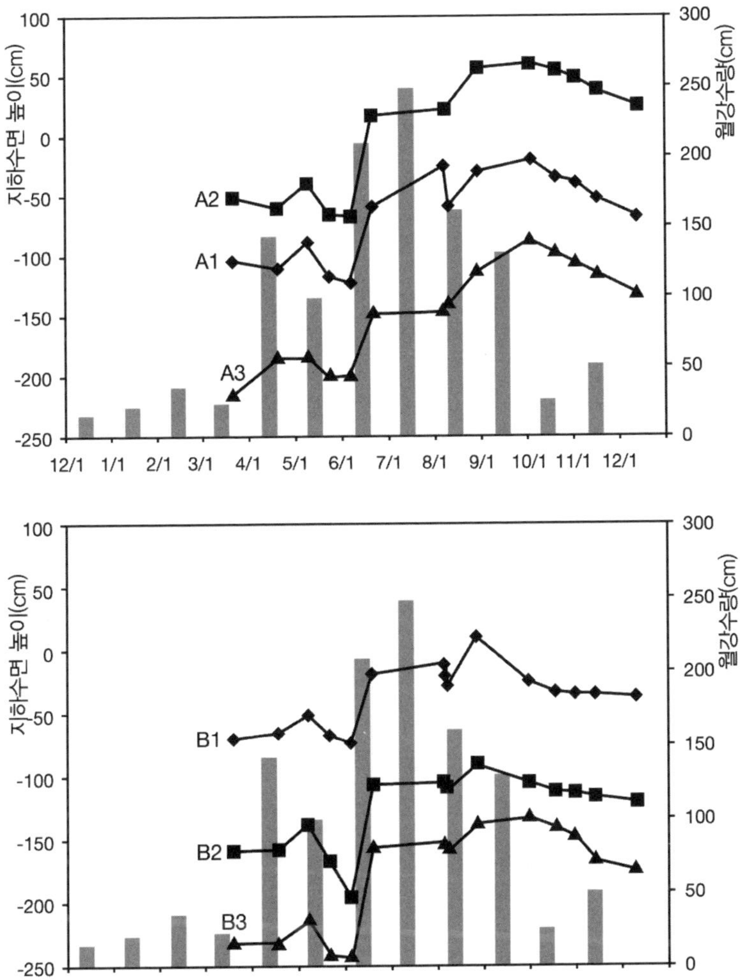

그림 V-11. 신두 해안사구 수문변화(2003년)(태안군, 2004)
지하수면 높이 = 지하수위 – 측정지점의 해발고도

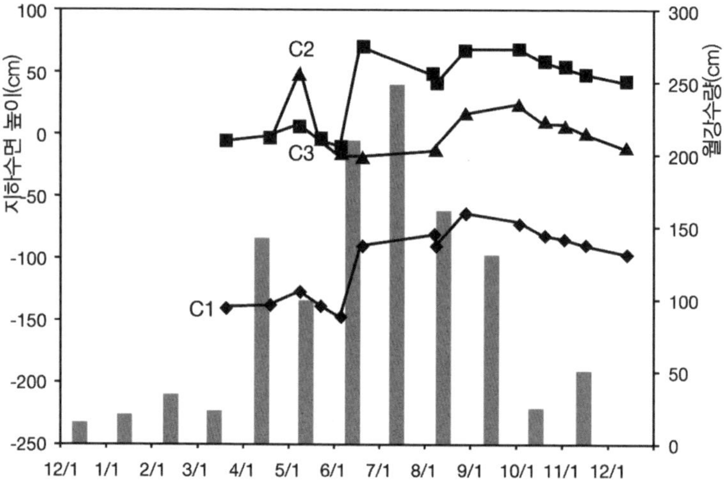

지하수면 높이(cm)
월강수량(cm)
C1
C2
C3
100
50
0
-50
-100
-150
-200
-250
300
250
200
150
100
50
0
12/1 1/1 2/1 3/1 4/1 5/1 6/1 7/1 8/1 9/1 10/1 11/1 12/1

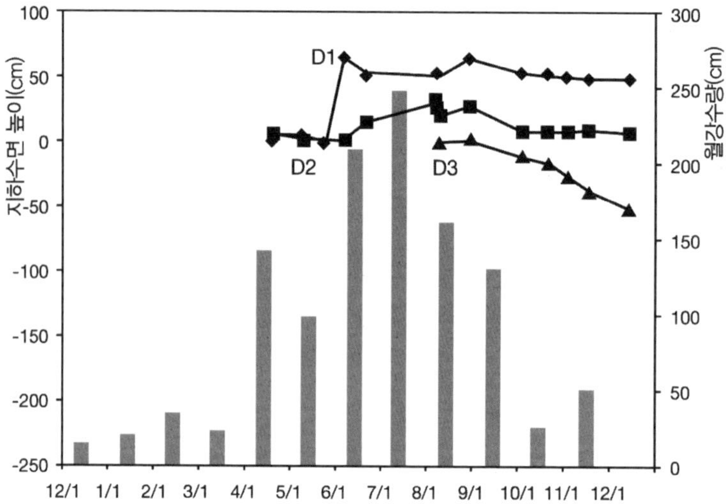

지하수면 높이(cm)
월강수량(cm)
D1
D2
D3
100
50
0
-50
-100
-150
-200
-250
300
250
200
150
100
50
0
12/1 1/1 2/1 3/1 4/1 5/1 6/1 7/1 8/1 9/1 10/1 11/1 12/1

그림 V-11. 계속

해안사구에도 유사하게 적용된다고 할 수 있다. 그러나 태안군(2004)의 조사는 조석의 영향을 고려치 않고 측정시기도 비연속으로 진행된 것이기 때문에 서해안의 해안사구에서 강수와 지하수위의 관계를 명확히 이해하기 위해서는 지속적인 지하수 모니터링이 필요하다.

4. 소결

해안사구에서의 수문은 지형이나 토양 형성과정의 관련성이 높을 뿐만 아니라 생물의 서식에 필요한 수분 공급의 측면에서 의의가 있다. 해안사구의 수문은 기질이 모래로 이루어져 있는 특성과 해역의 영향을 받기 때문에 내륙 지역의 수문과는 차이가 있다. 이 장의 내용을 종합하면 다음과 같다.

첫째, 서해안 해안사구의 수문을 이해하기 위해서는 우선 지형특성에 대한 이해가 있어야 한다. 서해안의 해안사구는 대체로 포켓비치의 후면에 발달하거나 육지에 연결된 사주의 후면에 발달하는데, 전자는 배후지형의 특성이 고려되어야 해안사구 내부의 수문현상을 이해할 수 있다. 사주를 따라 형성된 해안사구는 사주의 주변의 조수통로를 통한 유입이나, 조석의 흐름이 해안사구의 수문변동에 큰 영향을 미칠 것으로 생각한다.

둘째, 서해안은 조석간만의 차가 크며, 이러한 특성이 해안사구의 수문에 미치는 영향이 매우 중요하다. 만조 시에 해수면의 상승과 더불어 지하수위가 상승하는 경향이 나타나며, 간조 시에 해수면이 하강하게 되면 렌즈형태의 담수체를 밀어주던 힘이 약화하여 담수가 해수 쪽으로 이동한다. 조석의 주기와 강도에 따라 사구지대의 지하수 위는 상승과 하강을 반복한다.

VI. 생태서식처로서 해안사구의 공간적 다양성

해안사구는 다양한 지형으로 구성되어 있다. 해빈과 맞닿은 부분에는 낮은 형태의 전사구가 발달하며, 전사구의 뒤쪽에 2차 사구, 3차 사구 등이 형성된다. 각 사구열의 사이에는 사구저지(dune slack)가 나타나며 사구저지에 물이 고여 사구습지가 형성되기도 한다. 해안선의 수직 방향으로 풍식이 일어나면 취식와지(blowout)가 형성되기도 한다. 이 장에서는 서식처의 공간적 다양성에 초점을 맞추고자 한다.

1. 전사구(Foredune)

전사구는 해빈으로부터의 영향을 직접적으로 받는다. 이곳에서는 바다에서 육지 방향으로 염도나 모래의 이동, 바람의 세기와 같은 환경인자가 급격한 환경구배를 보인다(그림 VI-1). 식물들은 환경구배에 따라 해빈 쪽에서는 바다의 영향에 잘 적응한 식생들로 단순한 종조

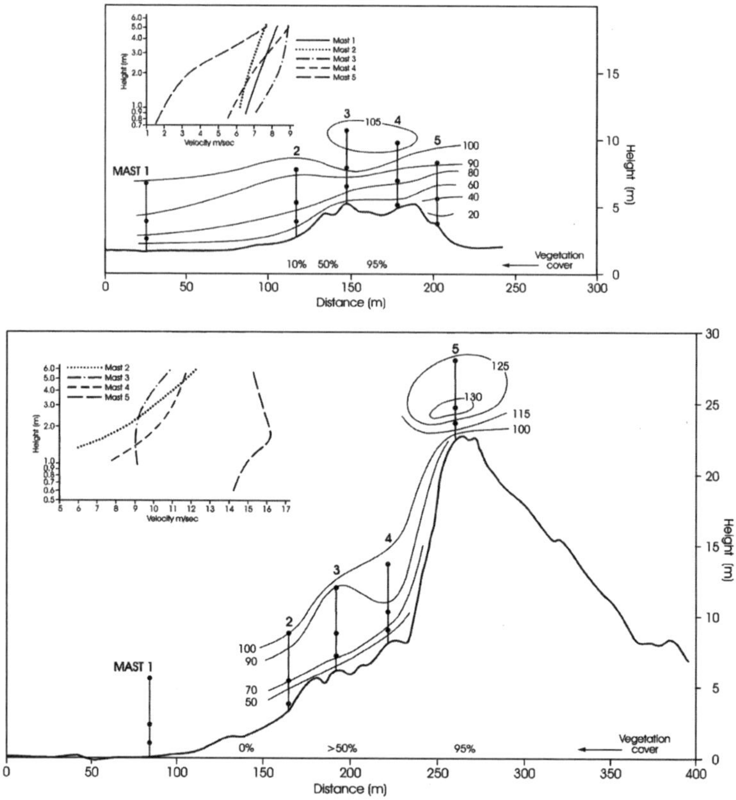

그림 Ⅵ-1. 지형과 식피율 그리고 풍속의 관계(Hesp, 2002)
(위는 높이가 낮은 전사구와 아래는 높이가 높은 전사구, 풍속은 MAST1을 기준으로 상대변환 되었음)

성을 나타내는 경향이 있다. 전사구의 정상에 이르게 되면 다양한 종류의 식물들이 나타난다. 식피율과 식물의 분포는 계절적으로 변화하여 모래이동과 퇴적에 영향을 주기 때문에 전사구의 형태는 계절에 따라 변화한다(Hesp, 2002).

그림 Ⅵ-2에서 전사구의 식생분포가 균일하지 않은 것을 확인할 수 있다. 모래의 이동이 비교적 제한을 받는 사구마루를 중심으로는 식생

그림 VI-2. 지형에 따른 식생의 변이(촬영: 신영호)
해안으로부터 강한 바람이 유입되기 쉬운 지형 골을 중심으로 식피밀도가 낮게 나타나고 있다.

의 밀도가 높게 나타나지만 골을 중심으로 식피밀도가 현격히 낮아진다. Hesp(2002)은 전사구의 형태와 식생 사이의 관계를 세 가지로 분류하고 있다. 첫째, 전면의 지형이 비교적 일정한 경사지(ramp)로 이루어진 전사구는 후빈에서 종자가 발아하거나 근경(rhizomatous)식물이 바다 쪽으로 성장하여 모래를 후빈에 점진적으로 퇴적시킬 수 있는 곳에서 형성된다. 둘째, 계단 형태(terrace)의 전사구는 식물의 성장이 모래의 퇴적속도와 일치하는 경우, 또는 모래의 퇴적이 미약한 후빈에 식생이 자라는 경우에 형성된다. 마지막으로, 사구열 형태(ridges)의 전사구는 모래가 비교적 빠른 속도로 퇴적되거나 키가 큰 식물이 밀생하는 환경에서 형성된다. Short and Hesp(1982)는 식피의 영향에 따라 전사구의 형태가 차이를 나타낸다고 주장하였다(그림 VI-3). 식피율이 높은 경우는 직선형 해빈-사구열이 연속적으로 나타나고, 식피율이 낮아지면서 이러한 사구열은 중간 중간 붕괴되어 둔덕형 사구로

직선형 해빈-사구열 90~100% 식피율	Fa 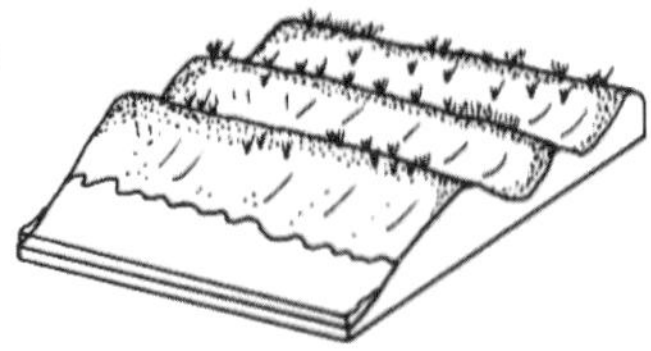
초기형 취식와지와 단절된 사구열 75~90% 식피율	Fb 
둔덕형 사구 (hummock dune) 45~75% 식피율	Fc 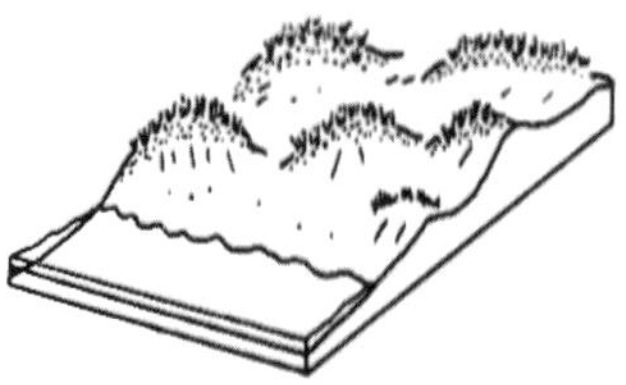
풍하 사면붕괴가 있는 소형 취식와지 20~45% 식피율	Fd 
바르한형 사구 횡형 취식와지 0~20% 식피율	Fe 

그림 VI-3. Shor and Hesp(1982)의 전사구지형 분류와 식피율(Cater, 1990 재구성)

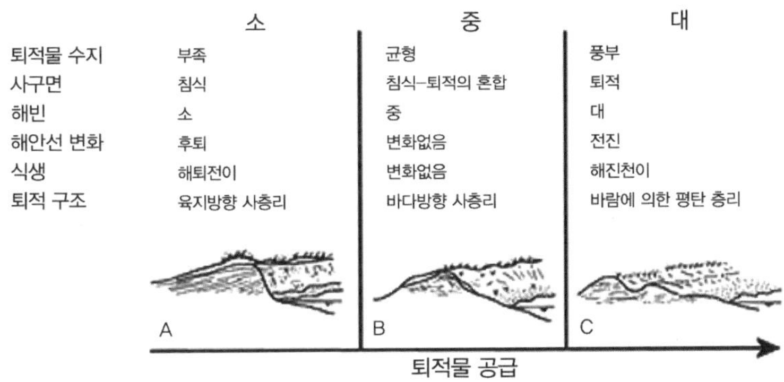

그림 Ⅵ-4. 퇴적물 공급에 따른 해안사구의 변화(Cater, 1990)

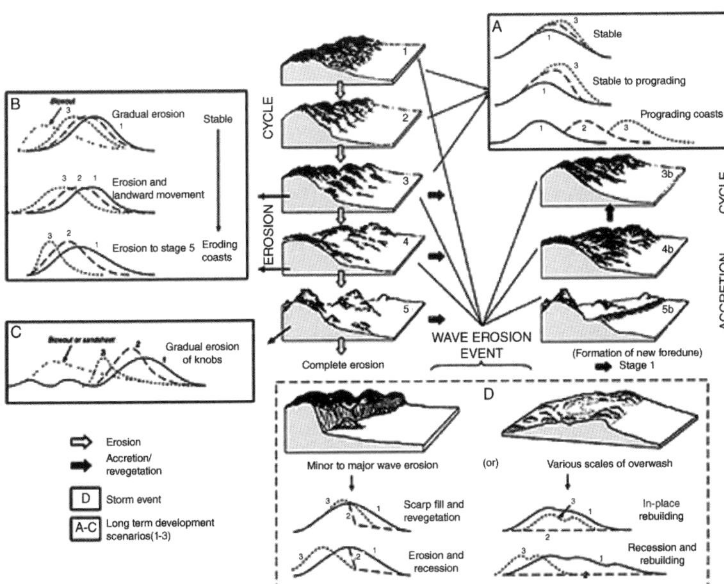

그림 Ⅵ-5. 전사구의 형태와 동적 변화, 진화(Hesp, 2002)

발달하며, 식피가 거의 없는 경우에는 바르한형 사구가 발생한다고 설명하였다.

전사구는 역동적인 변화를 겪는데 바다 쪽으로 성장하는 경우에는 해빈 쪽으로 완만한 경사를 가진다. 그러나 조석이나 파랑 등의 영향으로 후퇴하는 경우 경사는 급해지고 붕락현상이 일어난다. Cater (1990)는 아일랜드 해안사구의 분류를 통하여 유입되는 모래의 양에 따라 그림 VI-4와 같이 해안사구의 특성이 정해진다고 주장하였다. 모래의 공급이 부족한 경우에는 해안선이 후퇴하고 식생은 해퇴천이를 한다. 반면에 모래의 공급이 풍부할 경우는 해안선의 전진에 따라 식생은 해진천이를 하게 된다.

Hesp(2002)은 전사구 지형의 변화를 식생과 연관시켜 5단계로 나누었다. 그림 VI-5에서 3단계는 중간적 위치이며, 1, 2단계는 식피가 잘 보전되어 있으며, 그림 VI-5 A의 형태에서는 해진 형태에 따라 분류하고 있다. 4단계는 식피율이 낮으며 해안선의 침식 정도에 따라 B와 같이 취식와지가 형성되면서 사구열이 후퇴한다. 5단계는 식피율이 가장 낮은 단계로 C와 같이 점차 육지 방향으로 사구열이 이동되며 취식와지나 샌드시트(sandsheet)를 형성한다. 3-5단계에서 재식피가 진행되거나 퇴적량이 증가하게 각각 3b, 4b, 5b의 단계로 이행한다. 한편 D는 강한 폭풍이나 높은 파랑에 의하여 일시적으로 사구형태가 변화하는 것을 나타낸다.

2. 2차 사구(Secondary Dune)

2차 사구는 전사구의 뒤편에 형성되며, 활동형(active) 2차 사구와 안정형(stable) 2차 사구로 나눌 수 있다(Psuty, 2005). 활동형 2차 사구는

그림 VI-6. 바람에 의하여 부분적으로 취식된 2차 사구(Jungerius and van der Meulen, 1988)

전사구가 변형되어 만들어지거나 전사구에서 유입된 모래가 이동되어 형성된다(Psuty, 2005). 활동형 2차 사구에는 취식와지(deflation hollow) 포물선형(parabolic) 혹은 초승달형(crescentic)의 와지가 형성되는 것이 일반적이다. 변위가 단속적으로 나타나는 횡사구열 형태의 사구는 해침형(transgressive) 풍식에 의하여 톱니모양처럼 변해나간다.

안정형 2차 사구는 불안정형 2차 사구가 식생에 의하여 고정되어 있다. 안정형 2차 사구는 이전에는 전사구였으나 바다 쪽에 새로이 전사구가 형성되면서 2차 사구로 변한 것이다. 간혹 지형변화가 발생하지만 현재 비교적 안정되어 있다. 안정형 2차 사구는 기존의 전사구의 형태가 남아 해안선을 따라 사구열을 유지하기도 하며 기존에 활동형 2차 사구의 모습을 지닌 채 고정되기도 한다(Psuty, 2005). 2차 사구는 종종 고(paleo)지형으로 간주되기도 한다. 많은 경우 전사구에 비하여 연대가 오래되었으며, 식생프로세스가 강한 영향을 미치는 지형이다.

그림 III-8에서 제시한 것과 같이 지형프로세스와 생물프로세스의 관계가 반비례한다는 것을 고려하면 전사구에 비해 2차 사구에서는 생물프로세스가 더욱 복잡하다. 기후와 수문조건 등 지역이나 장소의 특성에 따라 영향을 받기도 한다.

일반적으로 2차 사구는 해안 방향으로 완만한 경사를 보이지만 육지 방향은 비교적 급한 경사를 이루며 모래가 사구의 정상부를 넘어와서 흘러내리는 사구활주사면(slip face)을 보이는 경우가 많다. 2차 사구에서는 전사구에 비하여 모래의 이동은 제한적이며 식피율이 비교적 높게 나타난다. 다양한 식물 종이 나타나며 목본의 생장도 활발하다. 2차 사구에서 해안 쪽으로 완만한 경사를 이루는 부분은 해안의 영향이 쉽게 전달되는 곳이다. 즉, 사구를 넘은 바람이 재차 지표에 영향을 미쳐 모래의 침식과 이동이 발생하기도 한다. 그 결과 부분적으로 취식이 일어나 식피율이 낮은 곳이 나타나기도 한다(그림 VI-6). 식피가 부분적으로 제거된 곳을 중심으로 전사구의 식물종들이 다시 정착하는 경향을 보이기도 한다.

3. 사구저지(Dune Slack)

사구저지는 사구열 사이에 있어 상대적으로 고도가 낮은 지형이다. 사구저지에서는 전면에 있는 사구열을 넘어온 바람이 취식을 일으키는 과정이 반복된다. 사구저지는 사구열에 비해 새로운 모래퇴적물의 유입이 제한적인 경우가 많다. V장에서 설명한 것과 같이 강수가 발생하면 사구저지는 지하수면의 상승으로 사구습지(dune wetland)가 형성되기도 한다. 강수가 적을 시기에는 지하수위가 지면 아래로 하

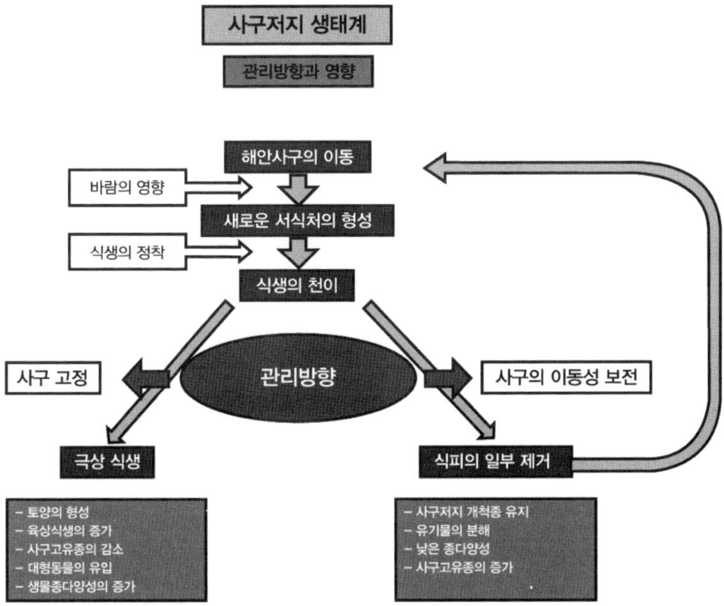

그림 VI-7. 사구저지의 관리 개념도(McLachlan, 1996 수정)
모래이동을 제한할 것인가 또는 허용할 것인가에 따라 사구생태계는 다른 방향으로 변화할 수 있다.

강한다. 이러한 수문프로세스로 인하여 사구저지는 다양한 식생이 분포한다. 사구저지로의 수분은 강수(precipitation water), 지표수(surface water), 그리고 지하수(ground water)에 의하여 공급된다. 강수는 산성인데 반해 표면수나 지하수로부터 공급되는 수분은 석회성분이 높게 나타나기(Grootjans *et al.*, 2005) 때문에 사구저지의 수분은 복잡한 특성을 보인다. 일반적으로 지하수의 공급이 활발한 사구저지는 사구지대의 주변에 위치한다(Grootjan *et al.*, 2005).

일반적으로 사구저지에서는 사구 고유종보다는 내륙습지에서의 관찰되는 종들이 많이 서식한다(Grootjan *et al.*, 2005). 사구저지의 식물 중에는 습윤한 조건과 건조한 조건에 모두 적응할 수 있는 종들이 많다. 사구저지는 장기간 해안으로부터 퇴적물의 유입이 감소하면, 점차 습지생태계의 식생에서 육상생태계로 천이한다. 따라서 그림 VI-7과 같이 서구저지의 관리목표를 어떻게 설정하느냐에 따라 전혀 다른 특성의 생태계서식처로 변할 수 있다.

4. 취식와지(Blowout)

취식와지는 전사구에 형성되는 해안사구 지형이며, 풍식프로세스와 생물의 상호작용을 잘 보여주는 곳이기도 하다. 취식와지는 바람의 침식프로세스에 의하여 전사구열이나 모래둔덕(hummock)이 파괴되어 형성된 오목한 지형을 말한다(그림 VI-8). 취식와지는 풍식기저면(deflation basin), 퇴적로브(depositional lobe), 외륜(外輪, rim dunes), 그리고 침식벽면(erosional walls) 등으로 구분할 수 있다.

Cooper(1958)는 그림 VI-8에서와 같이 형태에 따라 접시형(saucer) 취식와지와 골형(trough) 취식와지로 나누었다. 접시형 취식와지는 반원형의 형태이며 때로는 깊이가 낮은 접시형으로 모습을 가지는 반면, 골형 취식와지는 긴 형태로 풍식기저면이 깊으며 경사가 급한 침식벽을 가지고 있다(Hesp and Hyde, 1996).

취식와지는 해안사구에서 특징적으로 발달하는 지형으로 식생이 존재하지 않는 사막사구에서는 거의 찾아볼 수 없다. 취식와지의 형성이 식생의 피복과 관련이 있기 때문이다. 모래유입이 제한적으로 일어나는 지역에 다양한 원인에 의하여 식생이 제거된 곳을 중심으로 활발한 침식작용이 일어나 취식와지로 발달한다. 취식와지가 처음 발생하는 원인에 대해서 Hesp and Hyde(1996)는 파랑에 의한 침식, 지형과 관련된 풍속의 변화, 기후변화, 식생의 변화, 우식(雨蝕), 강풍에 의한 침식, 모래의 매몰, 인간의 영향 등으로 정리하였는데, 이와 같은 원인은 모두 식생의 후퇴가 동반된다는 공통점이 있다. 표 VI-1은 취식와지의 형성원인을 정리한 것이다.

취식와지 하부지형의 형성과 식생의 관계도 다양하게 나타난다. 취식와지의 종단면을 보면 크게 뿌리권(root zone)과 삭박권(yield zone)으로 나누어진다(그림 V-9). 뿌리권은 식생의 뿌리가 존재하여 모래의 이동을 제한시키는 한편, 뿌리로 인한 응집력으로 인하여 급한 경사를 유지하고 있다. 한편, 삭박권은 모래의 제거로 인하여 뿌리가 존재하지 않는 미피복지로서 중력에 의해 안식각을 이루게 된다.

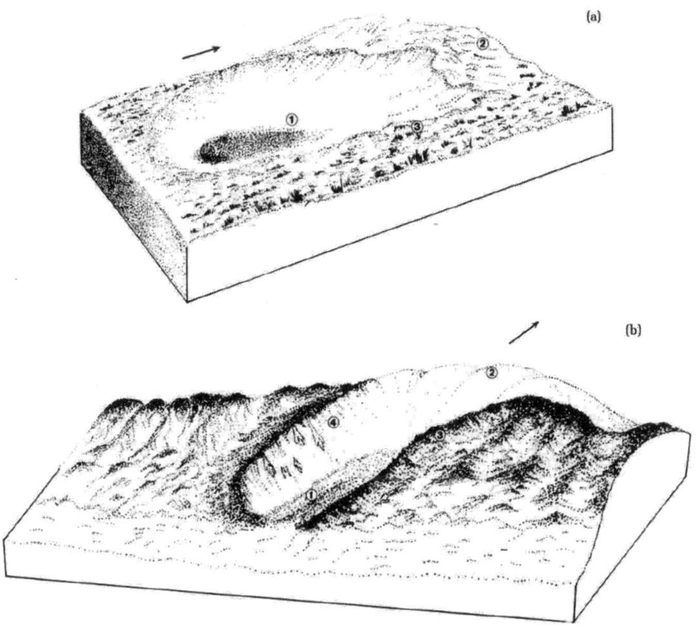

그림 VI-8 취식와지(blowout)의 형성(Hesp and Hyde, 1996)
(a) 접시형(saucer) 취식와지, (b) 골형(trough) 취식와지
① 풍식기저면(deflation basin), ② 퇴적로브(depositional lobe), ③ 외륜(rim dunes), ④ 침식벽면(erosional walls)

표 VI-1. 취식와지의 형성원인(Hesp and Hyde, 1996 재구성)

구 분	주요사항
파랑에 의한 침식	1. 파랑의 전사구 하부침식 ·파랑에 의한 전사구 침식으로 단애면에 불규칙적인 슬럼프가 발생하고 이를 중심으로 침식와지가 형성 ·단애면 상부의 식생이 덜 정착된 'weak spot'을 중심으로 형성 2. 립(rip)류로 인하여 아치형의 요(凹)형 사면이 형성되고 이를 중심으로 바람이 가속화되어 형성 3. 연안류에 의한 굴식으로 초기정착식생이 제거되고 후면에 위치한 관목 등이 제거되면서 형성 4. 식생의 재정착이 늦게 일어나는 월파침식지(overwash hollow)나 월파선상지(overwash fan)의 형성
지형면 관련 풍속 변화	1. 아치형·만형의 높은 단애면에서 형성 2. 전사구 정상과 같이 대기흐름이 압축되고 가속되는 곳에 형성
기후변화	기후변화로 건조기가 오래 지속되어 식생이 약해지거나 죽은 곳에 형성
식생의 변화	1. 사구열을 따라 식생종의 밀도나 종의 차이로 형성 2. 토양 영양분이 부족한 곳에 식생이 후퇴한 곳을 중심으로 형성 3. 토양수분이 결핍되어 식생이 후퇴된 곳을 중심으로 형성 4. 동물에 의한 섭취로 식생이 제거된 곳을 중심으로 형성
물에 의한 침식	강한 강우로 지표침식이 일어난 곳에 형성
강풍에 의한 침식	허리케인이나 태풍과 동반된 강한 바람에 의하여 침식
모래의 매몰	바람에 의한 모래의 매몰로 식생이 죽은 후 침식발생

표 VI-1. 계속

구 분	주요사항
인간의 영향	1. 사람의 답압 2. 삼림의 제거 3. 오프로드(offroad) 자동차의 출입 4. 주택이나 리조트 건설 5. 모래채취나 군훈련 6. 화재

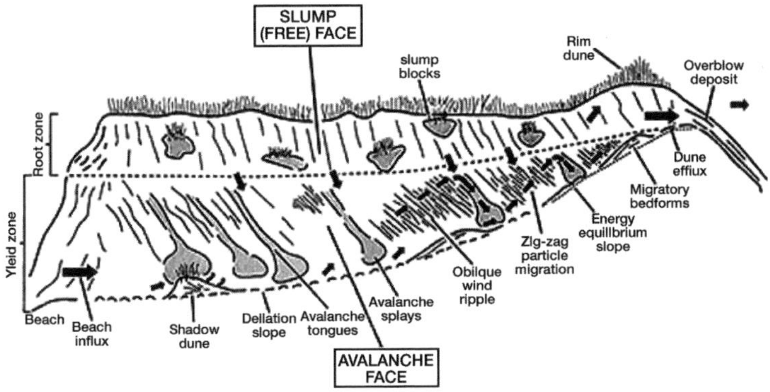

그림 VI-9. 취식와지의 종단면 모식도(Carter *et al.*, 1990)

한편 풍식기저면을 중심으로 바람에 의하여 하부침식이 가속되면 기존 외륜사면의 불안정성이 높아져 식생이 덩어리째로 뜯겨져 나와 슬럼프 블록의 형태로 침식벽면으로 흘러내리게 된다.

취식와지의 침식이 정체기에 이르게 되면 취식와지의 입구부분에 그림자사구(shadow dune)가 형성되는데, 이는 모래이동의 제한되면서 새로이 정착하게 되는 초기식생의 생장과 관련이 깊다. 그림자사구의 형성과 동시에 초기정착식생의 생장이 지속되면 점차 풍식기저면 전체로 식생이 확산되어 취식와지는 점차 안정화된다. 취식와지는 발달이 충분히 일어난 후에 침식이 정지되고 식생에 의해 고정되면 포물형 혹은 U자형 사구(parabolic or U-shape dune)가 형성된다.

5. 소결

앞에서 살펴보았듯이 해안사구는 다양한 생물서식처를 제공한다. 이러한 서식처의 다양성은 해안사구가 지니고 있는 지형적 복잡성과 관련이 깊다. 이동성이 높은 모래퇴적물로 이루어진 해안사구는 식생피복의 존재 여부에 따라 지형이 쉽게 변하기도 하지만, 미지형의 형태에 의해 식생피복의 변화도 나타난다. 전사구, 2차 사구, 사구저지, 취식와지 등은 서해안의 해안사구에서도 흔히 관찰되는 것이지만, 수십 년 동안 수행되어온 인공조림사업과 규사채취, 해안제방의 건설 등 인위적인 간섭에 의하여 변형되어왔기 때문에 지형의 다양성이 감소되었다. 해안사구 생태계를 이해하고, 다양성을 보전하기 위해서는 이러한 미지형들에 대한 관심이 경주되어야 하며, 전문적인 연구가 필요하다.

Ⅶ. 결론

생태 시스템을 효과적으로 이해하고 보전하기 위해서는 그 공간에 서식하는 생물종에 대한 이해는 물론 주변 환경에 대한 이해가 선행되어야 할 것이다. 특히, 해안사구 생태 시스템은 대기·해양·육상 시스템이 복합적인 상호작용을 보이는 장(場)이다. 이곳을 생태서식처로서 이해하기 위해서는 시스템의 요소뿐 아니라 이들 사이의 상호작용에 대한 이해가 필요하다.

이 연구는 해안사구가 지니는 중요성과 우리나라 해안사구 연구에 대한 논의를 바탕으로 생태서식처로서 해안사구를 고찰하였다.

서해안의 해안사구 연구는 1970년대 해안사구지형의 소개와 그 형성과정을 유추하는 지형학적 연구에서 시작되어 1980년대와 1990년대를 거치면서 해안사구 지역에 서식하는 생물들에 관한 연구가 진행되었다. 2000년대 이후 국내외에서 해안사구에 대한 관심이 증대되기 시작하면서, 해안사구 연구와 관련된 각 분야에서 재인식하기 시작하였다. 현재는 해안사구 시스템을 이루는 제 요소 간의 관계를 추구하거나 실용적인 입장에서 사구복원의 문제를 다루고 있다. 각 연구 분야에서 수행되어온 연구의 성과는 얼마 되지 않아 서로 통합하는 데는 한계가 크다.

생태서식처로서 서해안 해안사구는 홀로세 이후의 것으로 매우 동적인 공간이다. 해안사구의 지형형성과정을 재구성하는 것은 생태서식처로서 서해안 해안사구를 이해하는 데 중요할 것이다. 서해의 해안·해양적 특성은 해안사구의 형성에 유리하며, 다양한 생태서식처의 역할을 이행할 수 있는 잠재력을 보유하고 있다.

생물들이 살아가는 기반을 구성하는 해안사구의 토양은 내륙의 여타 다른 토양과 대비되는 독특한 특성을 지니고 있다. 해안사구의 토양은 그 사구가 처한 환경에 따라 다양한 특성을 지니고 있다. 한편 서해안 해안사구에서 광범위하게 관찰되는 고토양층은 서해안 해안사구의 형성 휴지기를 지시한다. 이러한 고토양층의 형성에 대한 이해는 사구토양과 지형, 사구식생의 관계를 연결해줄 수 있는 귀중한 정보가 될 것이다. 해안사구의 토양지화학적 특성과 식생은 매우 밀접한 관련 있다. 해안으로부터의 거리, 국지적인 지형의 특성에 따라 다양한 지화학적 특성이 나타나고 이는 해안생태계의 생물다양성을 높이는 요건이다.

해안사구에서의 수문은 지형이나 토양 형성과정과 깊은 관계가 있으며, 생물의 생장에 필요한 물의 순환을 결정하는 중요한 요소다. 해안사구의 수문은 모래로 이루어져 있는 기질의 특성과 해역의 영향 등으로 내륙 지역의 수문과는 다른 독특성을 지니고 있다. 서해안의 해안사구는 대체로 포켓비치의 후면에 발달한 경우와 육지에 연결된 사주의 후면에 발달하는 경우로 나뉜다. 전자는 배후지형의 형태가 수문적 특성을 밝히는데 고려되어야 하며, 후자는 사주 주변의 조수통로를 통한 해수의 유입이나, 조석의 흐름에 의하여 영향을 받는 것을 고려되어야 한다. 서해안은 조석간만의 차가 해안사구의 수문에 미치는 조석의 영향이 중요하지만, 이에 대한 연구가 부재한 실정이다.

해안사구는 다양한 생물서식처를 제공한다. 이러한 다양성은 해안사구가 지니고 있는 지형적 복잡성·역동성에 기인한다. 이동성이 높은 모래퇴적물로 이루어진 해안사구는 식생피복의 여부에 따라 지형이 변하며, 미지형의 형태는 다시 식생피복의 변화를 유도한다. 전사구, 2차 사구, 사구저지, 취식와지 등은 서해안의 해안사구에서도 흔히 관찰되는 것이지만, 수십 년 동안 수행되어온 인공조림사업과 규사채취, 해안제방의 건설 등 인위적인 영향으로 사구지형의 다양성이 감소해왔다. 해안사구 생태계를 이해하고, 다양성을 이해하기 위해서는 미지형에 대한 연구가 확대되어야 할 것이다.

참고문헌

강대균, 2001, 「충청남도의 해안사구」, 고려대학교 지리교육과 박사학위논문.

강대균, 2003, 「충청남도 해안에 발달한 해빈과 해안사구」, 『한국지구과학회지』, 24, pp. 568~577.

강대균, 2006, 「천연기념물 신두리 해안사구의 지형과 식생」, 『한국지형학회지』, 13, pp. 35~45.

고성덕·박주영, 2003, 「충남 보령군 신두리 사구의 Arbuscular Mycorrhizal Fungi(AMF)의 종조성과 분포에 관한 연구」, 『과학교육논총』, 19, pp. 189~203.

구자용, 2004, 「식생지수(NDVI)를 이용한 해안환경의 변화 분석: 한반도 서해안 신두리 지역을 사례로」, 상명대학교 사회과학연구소 『사회과학연구』, 19.

국립공원관리공단, 2001, 「국립공원 내 사구형성 메커니즘 분석과 생태적 복원·보전기술 연구」.

권경화, 2005, 「통행이 해안사구의 토양 압밀에 미치는 영향: 신두 사구를 사례로」, 서울대학교 지리학과 석사학위논문.

권혁재, 1981, 「태안반도와 안면도의 해안지형」, 『사대논집』, 6, 고려대학교 사범대학, pp. 261~287.

김대현, 2004, 「식생의 공간적 분포와 토양·지형·거리 요소들 사이의 관계에 관한 연구: 신두리 해안사구 지대를 사례로」, 서울대학교 대학원 지리학과 석사학위 논문.
김성렬·우한준·이용국·정갑식·제종길·박건태·정백훈·조진형, 2002, 「신두리 해안 Side Scan Sonar 해저면 음향영상과 해저퇴적물」, 『한국지구과학회지』, 23, pp. 707~721.
김성환·서종철·박경, 2008, 「수문과 지형 특성에 의한 신두리 해안사구 습지의 유형 분류」, 『한국지형학회지』, 15, pp. 107~118.
김진일, 1981, 「한국산 해안사구성 곤충에 관한 연구: (4) 서해안의 사구성 곤충상」, 『곤충연구지』, 8, pp. 61~72.
농업기술연구소, 1986, 『한국의 전토양』.
류상옥·장진호, 2005, 「한반도 서해 천수만의 해안선 변화 및 조간대 해빈 특성」, 『한국지구과학회지』, 26, pp. 584~596.
류상옥·장진호·조주환·문병찬, 2004, 「한반도 서해남부 임자도 해빈 퇴적작용의 계절적 변화」, 『한국해양학회지』, 9, pp. 83~92.
류순호(편), 2000, 『토양사전』, 서울대학교출판부.
류완상, 2002, 「해안사구의 바람과 비사에 관한 연구」, 서울대학교 대학원 지리학과 석사학위 논문.
류호상, 2001, 「겨울철 모래 이동과 전사구의 지형변화」, 서울대학교 대학원 지리학과 석사학위 논문.
류호상, 2010, 「세포자동자 기반 수치모형을 이용한 해빈-사구 단면의 중규모 지형변화 탐구: 모의실험과 사례를 중심으로」, 서울대학교 대학원 지리학과 박사학위논문.
민병미, 2004, 「통보리사초(Carex kobomugi Ohwi)의 생육 특성」, 『한국생태학회지』, 27, pp. 49~55.
박동원·유근배, 1979, 「우리나라 서해안의 사구지형」, 『지리학논총』, 6, pp. 1~10.
박용안 등, 2001, 『한국의 제4기 환경』, 서울대학교출판부.
변무섭·박준모, 2002, 「우이도 사구의 식물상 및 비오톱 보전에 관한 연구」, 『한국산림휴양학회지』, 6, pp. 93~101.
서종철, 2001, 「서해안 신두리 해안사구의 지형변화와 퇴적물수지」, 서울대학교 지리학과 박사학위논문.
서종철, 2002, 「원격탐사와 GIS기법을 이용한 신두리 해안사구지대의 지형변화 분석」, 『한국지역지리학회』, 8, pp. 98~100.
서종철, 2005, 「신두리 지역의 고사구에 대한 OSL 연대 측정」, 『한국지역지리학회지』, 11, pp. 114~122.

성효현·방경화, 2005, 「만리포 해빈퇴적물의 동절기 퇴적환경」, 『한국지형학회지』, 12, pp. 87~98.

송호경·박관수·박혜림·서은경·소순구·김무열, 2005, 「태안군 신두리 해안사구의 식생과 토양특성」, 『한국환경복원녹화기술학회지』, 8, pp. 59~68.

신동혁, 1998, 「한국 서해안 가로림만 조간대 퇴적환경과 홀로세 해수면 변동」, 인하대학교 해양학과 박사학위논문.

신영호·유근배, 2011, 「홀로세 해안사구 성장기와 습윤-건조 조건」, 『대한지리학회지』, 46, pp.569-582.

안영희, 2003, 「신두리 해안 사구지 식생의 식물사회학적 연구」, 『한국환경복원녹화기술학회지』, 6, pp. 29~40.

오재경·금병철, 1998, 「서해안 몽산포 대조차 해빈의 퇴적학적 특성」, 『한국지구과학회지』, 19, pp. 310~317.

유근배·류호상·김성환, 2005, 「비사를 통해 신두 사구지대로 유입되는 주요 양이온의 규모와 공간적 패턴 분석」, 『지리학논총』, 45, pp. 165~183.

유근배·류호상, 2007, 「한국 서해안의 해안사구: 지형학적 관점을 중심으로」, 서울대학교 규장각한국학연구원 한국학모노그래프 55, 서울대학교출판부.

유근배·신영호·김대현·김성환, 2012, 「신두해안사구지대로 유입되는 영양염류의 시공간적 특성」, 『대한지리학회지』, 47, pp.193-207.

이근상, 2002, 『지하수 수리와 환경』, 구미서관.

이우철·전상근, 1984, 「한국해안식물의 생태학적 연구: 서해안의 사구식생에 관하여」, 『한국생태학회지』, 7, pp. 74~84.

이창복, 「서해안 비인지역에 발달한 해안사구 퇴적물의 퇴적학적 특성에 관하여」, 서울대학교 대학원 해양학과 석사학위논문.

이천룡, 2001, 「환경을 지키는 숲: 보안림」, 『연구신서』, 제1호, 임업연구원.

장진호·박용안·한상준, 1996, 「한국 서해안 곰소만 조간대의 제4기 층서와 해수면 변화」, 『한국해양학회지』, 1, pp. 59~72.

전승훈, 1998, 「충청남도 태안군 신두리 해안사구의 복원을 위한 식생학적 연구」, 경원대학교 환경계획연구소 논문집, 3.

정용규, 2000, 「한국과 일본의 순비기나무군강」, 『한국생태학회지』, 23, pp. 383~389.

정용규·김원, 2000, 「한반도 해안임연군락의 분포특성」, 『한국생태학회지』, 23, pp.193~199.

정용규·김원, 2001, 「해당화군목의 군락분류학적 재고」, 『한국생태학회지』, 24, pp.267~271.

조화룡·황상일·윤순옥, 1994, 「후비기 후기 가와지곡의 환경변화」, 『한국지형학회지』, 1, pp. 3~16.

최광희, 2009, 「홀로세의 해안사구 형성과 해수면 변화: 동해안과 서해안을 중심으로」, 서울대학교 지리교육과 박사학위논문.

최성철·배정진·추연식, 2004, 「해안 식물의 무기 및 유기용질 양상」, 『한국생태학회지』, 27, pp. 355~361.

추연식·도정화·송승달, 1999, 「해안식물의 유리아미노산과 질소함량」, 『한국생태학회지』, 22, pp. 109~117.

태안군, 2004, 「천연기념물 제431호 신두사구 보전 및 활용방안」.

태안군, 2005, 「해안사구복원 학술용역 보고서」.

홍성찬, 2009, 「OSL 연대측정을 이용한 신두리 해안사구의 형성과정에 대한 연구」, 서울대학교 지리교육과 석사학위논문.

홍정수·장남기, 1991, 「인천 근해 도서지역의 해안식물 군락에 따른 세포성 점균의 출현과 분포」, 『한국생태학회지』, 14, pp. 457~468.

환경부, 2001, 「우리나라 사구 실태파악과 보전·관리 방안에 대한 연구」.

환경부, 2002, 「해안사구 보전 · 관리지침」.

황상일·윤순옥, 1998, 「일산충적평야의 홀로세 퇴적환경변화와 해면변동」, 『대한지리학회지』, 33, pp. 143~164.

Arens, S.M., 1994, Aeolian Processes in the Dutch Foredunes, Landscape & Environmental Research Group, University of Amsterdam.

Bagnold, R.A., 1941, *The Physics of Blown Sand and Desert Dunes*, Methuen, London.

Bakker, C., Rodenburg, J., and van Bodegom, 2005, Effets of Ca– and Fe– rich seepage on P availability and plant performance in calcareous dune soils, Plant and Soil, 275, pp. 111~122.

Bakker, T.W.M., 1990, The geohydrology of coastal dunes, In: Bakker, Th. D., Jungerius, P.D., and Klijn, J.A. (eds.), *Dunes of The European Coasts*, CATENA–Verlag, pp. 109~119.

Bakker, T.W.M., Klijn, J.A., and van Zadelhoff, F.J., 1981, *Nederlandse kustduinen, Landschapsecologie*, PUDOC, Wageningen.

Bakker, Th.W., Jungerius, P.D., and Klijn, J.A., (eds.), 1990, *Dunes of The*

European Coasts: Geomorphology-Hydrology-Soils, CATENA-Verlag.

Barbour, M.G., Burk, J.H., and Pitts, W.D., 1987, *Terrestrial plant ecology*, 2nd ed, The Benjamin/Cummings Publishing Company, Inc..

Bauer, B.O., Sherman, D.J., Nardstrom, K.F., and Gares, P.A., 1990, Aeolian transport mesuarement and prediction across a beach and dune at Castroville, California, In: Nordstrom, K.F., Psuty, N.P., and Carter, B., *Coastal Dunes-Form and Process*, John Wiley and Sons, New York, pp. 39~55.

Boorman, L.A., 1982, Some plant growth patterns in relation to the sand dune habitat, *Journal of Ecology*, 70, pp. 607~614.

Bressolier, C.F. and Thomas, Y., 1977, Studies on wind and plant interactions on French Atlantic coastal dunes, *Journal of Sediment Petrology*, 47, pp. 331~338.

Carter, R.W.G., 1980, Vegetation stabilisation and slope failure of eroding sand dunes, *Biological Conservation*, 18, pp. 117~122.

Carter, R.W.G., 1988, *Coastal Environments: An Introduction to the Physical, Ecological and Cultural Systems of Coastlines*, Academic Press.

Carter, R.W.G., 1990, The geomorphology of coastal dunes in Ireland, In: Bakker, Th.W., Jungerius, P.D., and Klijn, J.A. (eds.), *Dunes of The European Coasts: Geomorphology-Hydrology-Soils*, CATENA-Verlag, pp. 31~40.

Carter, R.W.G., Hesp, P.A., and Nordstrom, K.F., 1990, Erosional landforms in coastal dunes, In: Nordstrom, K.F., Psuty, N.P., and Carter, R.W.G (eds.), 1990, Coastal Dunes: Form and Process, John Wiley & Sons.

Christiansen, Ch., Dalsgaard, K., Møler, J.T., and Bowman, D., 1990. Coastal dunes in Denmark: chronology in relation to sea level, In: Bakker, T.W., Jungerius, P.D., and Klijn, J.A. (eds), Dunes of the European Coasts, CATENA-Verlag, pp. 61-70.

Clarke, M.L. and Rendell, H.M., 2006, Process-form relationships in Southern Italian badland: erosion rates and implications for landform evolution, *Earth Surface Processes and Landforms*, 31, pp. 15~29.

Clayton, J.L., 1972, Salt spray and mineral cycling in two California coastal ecosystems, *Ecology*, 53, pp. 74~81.

Cooper, W.S., 1958, *The Coastal Sand Dunes of Oregon and Washington*,

Geological Society of America Memoire, 72.

Fay, P.J. and Jeffrey, D.W., 1992, The foreshore as a nitrogen source for marram grass, In Carter, R.W.G., Curtis, T.G.F. and Sheehy-Skeffington, M.J. (eds.), *Coastal Dunes: Geomorphology, Ecology and Management for Conservation*, Balkema, pp. 177~188.

Ghyben, B., 1889, *Nota in Verband met de Voorgenomen put Boring Nabij Amsterdam*, Koninski Institude, Ing. Tijdschr., The Hague.

Gimingham, C., 1948, The role of Barbula fallax Hedw. and Bryum pendulum Schp. in sand dune fixation, *Transactions of the British Bryologist Society*, 1, pp. 70~72.

Goldsmith, V., Rosen, P.S., and Gertner, Y., 1990, Eolian transport measurements, winds, and comparison with theoretical transport in Israeli coastal dunes, In: Nordstrom, K.F., Psuty, N.P., and Carter, B. (eds), *Coastal Dunes, Form and Process*, Wiley, Chichester, pp. 79-101.

Grootjans, A.P., Adema, E.B., Bekker, R.M., and Lammerts, 2004, Why young coastal dune slacks sustain a high biodiversity, In: Martinez, M.L. and Psuty, N.P.(eds.), *Coastal Dunes: Ecology and Conservation*, Springer, pp. 85~101.

Grootjans, A.P., Ernst, W.H.O., and Stuyzfzand, P.J., 1998, European dune slacks: strong interactions of biology, pedogenesis and hydrology, *Trends in Ecology & Evolution*, 13, pp. 96~100.

Hesp, P.A., 1991, Ecological processes and plant adaptations on coastal dunes, *Journal of Arid Environments*, 21, pp.165-191.

Hesp, P.A., 2002, Foredunes and blowouts: initiation, geomorphology and dynamics, Geomorphology, 48, pp. 245~268.

Hesp, P.A. and Hyde, R., 1996, Flow dynamics and geomorphology of a trough blowout, Sedimentology, 43, pp. 505~525.

Hesp, P.A., 2004, Coastal dunes in the tropics and temperate regions: location, formation, morphology, and vegetation processes, In: Martinez, M.L. and Psuty, N.P.(eds.), Coastal Dunes: Ecology and Conservation, Springer.

Horikawa, K., 1988, *Nearshore Dynamics and Coastal Processes*, University of Tokyo Press, Tokyo.

Jelgersma, S., Stive M.J.F., and van der Valk, L., 1995, Holocene storm surge signatures in the coastal dunes of the western Netherlands, *Marine Geology*, 125, pp. 95~110.

Jenny, H., 1941, *Factors of Soil Formation*, McGraw-Hill.

Jones, C.G., Lawton, J.H. and Schachak, M., 1994, Organisms as ecosystem engineers, *Oikos*, 69, pp. 373~386.

Jungerius, P.D. and van der Meulen, F., 1988, Erosion processes in a dune landscape along the Dutch coast, *CATENA*, 15, pp. 217~228.

Jungerius, P.D., 1990, The characteristics of dune soils, *Catena Supplement*, 18, pp. 155~162.

Kim, D., Yu, K.B., and Park, S.J., 2008, Identification and Visualization of Complex Spatial Pattern of Coastal Dune Soil Properties Using GIS-Based Terrain Analysis and Geostatistics., *Journal of Coastal Research*, Issue 4, supplement, pp. 50-60.

Koerselman, W., 1992, The nature of nutrient limitation in Dutch dune slacks, In Carter, R.W.G., Curtis, T.G.F. and Sheehy-Skeffington, M.J. (Eds.), *Coastal Dunes: Geomorphology, Ecology and Management for Conservation*, Balkema, pp. 189~199.

Kooijman, A.M., Dopheide, J.C.R., Sevink, J., Takken, I and Verstraten, J.M., 1998, Nutrient limitations and their implications on the effects of atmospheric deposition in coastal dunes; lime-poor and lime-rich sites in the Netherlands, *Journal of Ecology*, 86, pp. 511~526.

Kuriyama, Y., Mochizuki, N., and Nakashima, T., 2005, Influence of vegetation on aeolian sand transport rate from a backshore to a foredune at Hasaki, Japan, *Sedimentology*, 52, pp. 1123~1132.

Lancaster, N. and Bass, A., 1998, Influence of vegetation cover on sand transport by wind: field studies at Owens Lake, California, *Earth Surf Processes Landforms*, 23, pp. 69-82

Lepczyk, X.C. and Arbogast, A.F., 2005, Geomorphic history of dunes at Petroskey State Park, Petroskey, Michigan, *Journal of Coastal Research*, 21, pp. 231~241.

Logie, M., 1982, Influence of roughness elements and soil moisture of sand to wind erosion, *Catena Supplement*, 1, pp. 161~173.

Lyles, L., Schrandt, R.L., and Schneidler, N.F., 1974, How aerodynamic roughness elements control sad movement, *Transactions, American Society of Agricultural Engineers*, 17, pp. 134~139.

Marshall, J.K., 1971, Drag measurements in roughness arrays of varying densities and distribution, *Agricultural Meteorology*, 8, pp. 269~292.

Martínez, M.L. and Psuty, N.P. (eds.), 2004, *Coastal Dunes: Ecology and Conservation*, Springer.

Martínez, M.L., Maun, M.A., and Psuty, N.P., 2004, The fragility and conservation of the world coastal dunes: Geomorphological, ecological, and socioeconomic perspectives, In: Martínez, M.L. and Psuty, N.P.(eds.), *Coastal dunes: Ecology and Conservation*, Springer, pp. 355~369.

Masselink G. and Hughes, M.G., 2003, *Introduction to Coastal Processes and Geomorphology*, Arnold, London.

Maun, M.A., 1998, Adaptation of plants to burial in coastal sand dunes, canadian Journal of Botany, 76, pp.713-738.

Maun, M.A. and Lapierre, J., 1986, Effects of burial of sand on seed germination and seedling emergence on coastal dune systems, *Vegetatio*, 111, pp. 59~70.

Maun, M.A. and Perumal, J., 1999, Zonation of vegetation on lacustrine coastal dunes: effects of burial by sand, *Ecology Letters*, 2, pp. 14~18.

Maun, M.A., 2004, Burial of Plants as a Selective Force in Sand Dunes, In Martínez, M. L. and Psuty, N. P. (eds.), *Coastal Dunes: Ecology and Conservation*, Springer, pp. 119~135.

McLachlan, A., 1990, Dissipative beaches and macrofauna communities on exposed intertidal sands, *Journal of Coastal Research*, 6, pp. 57~71.

Monteith, J.L., and Unsworth, M.H., 1990, *Principles of environmental physics*, Edward Arnold, London.

Munyikwa K., Choi K.H., Choi J.H., Park K., Kim J.W., 2005, The sedimentology and luminescence chronology of a coastal dune sequence at Unyo Beach, T'aean-Gun, *Journal of the Geomorphological Association of Korea*, 12, pp. 167-178.

Munyikwa, K., Kim, J.W., Choi, K.H., and Byun, J.M., 2004, The development and luminescence chronology of a coastal dune from Shindu dunefield, Taean Peninsula, *Journal of the Korean Geographical Society*, 39, pp.

269~282.

Musick, H.B. and Gillette, D.A., 1990, Field evaluation of relationships between a vegetation structural parameter and sheltering against wind erosion, *Land Degradation and Rehabilitation*, 2, pp. 87~94.

Nicholson, I.A., 1952, A study of Agropyron junceum (Beauv.) in relation to the stabilization of coastal sand the development of sand-dunes, M.Sc. thesis, University of Durham.

Nishijima and Nakata, 2004, Relationship between plant cover type and soil properties on Syunkunitai coastal sand dune in eastern Hokkaido, *Ecological Research*, 19, pp. 581~591.

Oke, T., 1978, *Boundary Layer Climates*, Mtehuen.

Olson, J.S. and van der Maarel, E., 1997, Coastal landscapes, coastal systems and coast type, In: van der Maarel, E., 1997, *Dry Coastal Ecosystems, General Aspects, Ecosystems of The World*, vol. 2C, Elsevier, pp. 93~126.

Olson, J.S., 1958, Lake Michigan dune development: 1. wind velocity profile, *Journal of Geology*, 66, 254~263.

Olson, J.S., 1997, Organic and physical dune building, In: van der Maarel, E., 1997, *Dry Coastal Ecosystems, General Aspects, Ecosystems of The World*, vol. 2C, Elsevier, pp. 63~91.

Olsson-Seffer, P., 1909, Hydrodynamic factors influencing plant life on sandy sea shores, *New Phytologist*, 8, pp. 37~49.

Packham, J.R. and Willis, A.J., 1997, *Ecology of dunes, salt marsh and shingle*, Chapman and Hall, London.

Pethick, J.S., 1984, *An Introduction to Coastal Geomorphology*, Edward Arnold Publishers.

Psuty, N.P. and Ofiara, D.D., 2002, *Coastal Hazard Management: Lessens and Future Directions from New Jersey*, Rutgers University Press.

Psuty, N.P., 2005, Coastal foredune development and regional morphology, In: Martínez, M.L. and Psuty, N.P. (eds.), Coastal dunes: Ecology and Conservation, Springer, pp. 11~25.

Pye, K., Bowman, G.M., 1984, The Holocene marine transgression as a forcing function in episodic dune activity on the eastern Australian coast. In: Thom B.G. *Coastal Geomorphology in Australia*, (ed), Academic Press,

Sydney, pp. 179-192.

Ranwell, D.S., 1958, Movement of vegetated sand dunes at Newborough Warren, Anglesey, *Journal of Ecology*, 46, pp. 83~100.

Ranwell, D.S., 1972, *Ecology of Salt Marshes and Sand Dunes*, Chapman and Hall.

Rhew, H.S. and Yu, K.B., 2009, Pattern of aeolian sand transport and morphological change in the foredune ridge, Shindu Dunefield, Korea: A case study during the winter, December 2000 to March 2001, *Journal of Coastal Research*, 25, pp. 1015~1024.

Salisbury, E.J., 1952, *Downs and Dunes: Their Plant Life and Environment*, Bell, London.

Seely, B., Lajtha, K. and Salvucci, G.D., 1998, Transformation and retention of nitrogen in a coastal forest ecosystem, *Biogeochemistry*, 42, pp. 325~343.

Shin, Y.H., 2011, Temporal and Spatial Patterns of Holocene Geomorphic Change in Mosan Bay Estuary, Korea, Unpublished doctoral dissertation, Seoul National University, Department of Geography.

Short, A.D. and Hesp, P.A., 1982, Wave, beach and dune interactions in southeastern Australia, *Marine Geology*, 48. pp. 259~284.

Sitarz, D.(ed.), 1994, *AGENDA 21: The Earth Summit Strategy To Save Our Planet*, Earthpress, Boulder, Colorado.

Stallins, J.A., 2001, Soil and vegetation patterns in barrier-island dune environments, *Physical Geography*, 22, pp. 79~98.

Stockton, P.H. and Gillette, D.A., 1990, Field measurements of the sheltering effect of vegetation on erodible land surfaces, *Land Degradation and Rehabilitation*, 2, pp. 77~86.

ten Harkel, M.J., van Boxel, J.H. and Verstraten, J.M., 1998, Water and solute fluxes in dry coastal dune grasslands: the effects of grazing and in creased nitrogen deposition, *Plant and Soil*, 202, pp. 1~13.

Tsoar, H. and Møller, J.T., 1986, The role of vegetation in the formation of linear sand dunes, *In:* Nickling, W.G. (ed), *Aeolian Geomorphology*, Allen, and Unwin, Boston, pp. 75~95.

van Breemen, N. and Finzi, A.C., 1998, Plant-soil interactions: Ecological aspects and evolutionary implications, *Biogeochemistry*, 42, pp. 1-19.

van der Valk, A.G., 1974a, Environmental factors controlling the distribution of forbs on coastal foredunes in Cape Hatteras National Seashore, *Canadian Journal of Botany*, 52, pp. 1057~1073.

van der Valk, A.G., 1974b, Mineral cycling in coastal foredune plant communities in Cape Hatteras National Seashore, *Ecology*, 55, pp. 1349~1358.

van der Wal, D., 2000, Modelling Aeolian sand transport and morphological development in two beach nourishment area, *Earth Surface Processes and Landforms*, 25, pp. 77~92.

van Dijk, P.M., Arens, S.M. and van Boxel, J.H., 1999, Aeolian processes across transverse dunes Ⅱ: Modelling the sediment transport and profile development, *Earth Surface Processes and Landforms*, 24, pp. 319~333.

Wasson, R.J. and Nanninga, P.M., 1986, Estimating wind transport of sand on vegetated surfaces, *Earth Surface Processes and Landforms*, 11, pp. 505~514.

Whipkey, C.E., Capo, R.C., Chadwick, O.A., and Stewart, B.W., 2000, The importance of sea spray to the cation budget of a coastal Hawaiian soil: a strontium isotope approach, *Chemical Geology*, 168, pp. 37~48.

Wiggs, G.F.S., Livingstone, I., Thomas, D.S.G, and Bullard, J.E., Airflow and roughness characteristics over partially vegetated linear dunes in the southwest Kalahari Desert, *Earth Surface Processes and Landforms*, 21, pp. 19~34.

Willis, A.J., Folkes, B.F., Hope-Simpson, J.F., and Yemm, E.W., 1959, Braunton Burrows: the dune system and its vegetation, Part I, *Journal of Ecology*, 47, pp. 1~24.

Wolfe, S.A. and Nickling, W.G., 1993, The protective role of sparse vegetation in wind erosion, *Progress in Physical Geography*, 17, pp. 50~68.

Yu, K.B., Brook, G.A., Rhew, H., Shin, Y.H., Kim, S.H. and Brook, F.Z., 2009, Episodic coastal dune development in the Taean Peninsula and Anmyeon Island, Korea, during the mid to late Holocene, *Journal of Quaternary Science*, 24, pp. 982-990.

Yu, K.B., Rhew, H.S. and Kim, S.H., 2004, Aeolian sand as a nutrient carrier into the coastal dunefield, *Proceeding of the 30th Congress of the International Geographical Union / Incorporating Joint International*

Geomorphology Conference, Glasgow, U.K., 15–20, August, Abstract in CD-ROM.

Abstract

Coastal Dunes in West Coast of Korea as Ecological Habitats

Keun Bae Yu · Young Ho Shin
Daehyun Kim · Sung Hwan Kim

Geographic research approaches are employed in this study to understand coastal dunes as ecological habitats in western Korea. The work constitutes a part of the broader project, "Korean Studies" that aims to provide relevant knowledge for reevaluating cultural and physical landscapes of the Korean Peninsula.

The importance of coastal dunes has not received enough attention they deserve by research communities and the public in South Korea, and hence, there is far ways to go before we fully recognize their value as other international societies have. Such lack of recognition is reflected in both the paucity of associated research and rapid development activities that have apparently destroyed natural resources in many coastal areas of Korea.

Understanding and conserving ecological systems should be preceded by acquisition of full knowledge not only on biological species inhabiting the area but also on the ambient physical environments. This is especially true in the coastal dunes where complex interactive relationships exist among the atmospheric, marine, and terrestrial systems. Needless to say, it is important to investigate such relationships as well as the individual systems.

The purpose of this study is to evaluate coastal dunes located in western Korea as ecological habitats. The evaluation is achieved by discussing and diagnosing the value of dunes and related research findings reported in Korea. The purpose is to establish an infrastructure of basic information about dunes as habitats. In particular, discussion is carried out as to ecological processes occurring in major sub-systems of coastal dunes (e.g. foredune and dune slack). These processes are also related to geomorphology, soil, and hydrology. The research is predominantly conducted by reviewing traditional knowledge on the ecology of dunes and introducing recent literature on this topic.

The first research on coastal dunes in western Korea is traced back to 1970s when geomorphologists performed initial descriptive surveys and tried to qualitatively reconstruct the history of landscape evolution. Biological and ecological investigations were also conducted in 1980s and 1990s. As the academia, government, and public became more interested in the dunes in the last decade, researchers have attempted to adopt new perspectives, namely that primary issues today are reciprocal interactions among sub-systems and dune restoration. However, a limitation is still lingering which concerns the integration of research findings that have been reported by different disciplines.

It is generally believed that dunes of western Korea point to the continuation of the current sea level since the beginning of the Holocene. However, depending on the location and environmental conditions, individual dunes underwent different developmental processes at different temporal stages. Reconstructing the idiosyncratic history of geomorphic dynamics of each dune will be a sound springboard for understanding coastal dunes of western Korea as ecological habitats. These west coasts currently possess good conditions for relatively rapid dune development, and the resultant dunes can serve as potential habitats for various plants and animals. These biological components play a significant role as "ecosystem engineers."

Coastal dunes are characterized by soil properties that are distinct from those of inland habitats. Such edaphic traits are variable across different dune types and their surrounding environments, which is still a knowledge gap in coastal science. Much evidence of paleosols in the dunes of western Korea is interpreted as indicating temporary halt in the dune formation process. Understanding the genesis of these paleosols will be an invaluable tool that can elucidate the relationship between dune plants and landforms. It is well known that soil geochemistries co-vary with vegetation in dunes. Such geochemical characteristics are strongly shaped along topographic gradients perpendicular to the shoreline, which in turn would potentially promote biological diversity in dune habitats.

The hydrology of dunes is closely related to the development of geomorphology and soil properties, and is an important source of moisture that can secure microhabitats for various species. Such hydrology is different from that of terrestrial systems in that coastal dunes have a uniform sandy substrate and can be directly influenced by the adjacent sea water. Dunes of western Korea are in most cases classified into two groups: one developing in the inner parts of pocket beaches and the other forming in the backbarrier parts that are connected to the mainland. In the former and latter cases, the landform behind dune ridges and the inflow of sea water through tidal inlets near a barrier spit can influence the dune hydrology, respectively. Another aspect should be taken into account, that the Yellow Sea is characterized by extremely high tidal ranges. Intensive monitoring of the hydrological cycle that is specific to season and plant species is needed to fully understand the hydrology of coastal dunes.

Dunes provide a variety of ecological habitats. Habitat diversity is indicative of their geomorphic complexity and dynamics. There are feedback mechanisms between landforms and plants: Because dunes are composed of highly mobile sandy sediments, they can be significantly influenced by the presence and absence of vegetation cover. Conversely, the vegetation cover itself also changes responding to dynamics of micro-scale landforms. Many coastal dunes in western Korea have exhibited various sub-systems such as foredunes, secondary dues, blowouts, and slacks. However, this landscape diversity has severely decreased due to anthropogenic activities that are not limited to constructing sea walls, planting trees, and mining silica sand. More attention should be paid to these micro-habitats to understand the ecology of coastal dunes and to conserve their biodiversity.

Indeed, this monograph is based on the review and discussion of a limited amount of literature on the dunes of western Korea. It would therefore be premature to postulate a full understanding of these systems at this moment. Nevertheless, considering the recent increase of research activities, we are confident that a much better understanding on the ecology of coastal dunes of western Korea will be achieved in the near future.

찾아보기

ㅇ

ㅈ

ㅊ

ㅌ

발간사

'한국학'에 대한 관심과 요구가 국내외에서 높아지고 있다. 한국학을 전공으로 하는 학과도 생겨나고 한국학 연구자들의 국제학술대회도 종종 접하게 된다. 한국사회가 짧은 시기에 보여 준 역동적인 변화에 대한 학문적 관심이 나라 안팎으로 증대된 결과일 것이다. 한국의 역사와 문화, 사회적 경험이 점점 더 많은 연구자들의 관심대상으로 되고 있다는 사실은 매우 반가운 일이다.

한국학이란 고정된 분과학문 체계 내의 한 부분영역이 아니라 다양한 분과학문들이 함께 참여하는 학제적 연구의 성격을 지닌다. 한국학은 과거의 전통에 깊은 관심을 갖지만 현재의 문제들에도 주목하며 미래의 전망을 모색하는 작업도 포함한다. 인문학적 논의와 사회과학적 관심은 물론이고 자연과학적 문제의식과 예술적 시각이 함께 어우러지는 곳이다. 당연히 한국학은 국내의 연구자들이 자신의 특수성만을 부각시키는 폐쇄적인 장이 아니라 전 세계의 학자들이 자유롭게 참여하는 지적 토론의 공간이다. 한국을 대상으로 한 다양한 연구를 지원하며 진지한 논의와 지적 실험을 뒷받침하는 것이야말로 한국학의 가장 중요한 역할이라 할 것이다.

이런 의미에서 한국학은 한국의 문화와 역사적 경험을 전 인류의 문화유산과 역사적 경험의 한 부분으로 바라보는 전 지구적 시각을 요구받고 있다. 한국학은 한국사회의 경험을 연구하되, 그것을 21세기 세계사적 과제들과 더불어 사고함으로써 새로운 문명적 대안을 모색하는 전 지구적 논의에 적극적으로 동참하는 작업이 되어야 한다. 이런 종합적이고 개방적인 연구의 집적을 통해서만 한국의 특수성만을 절대화하는 오류에서 벗어나면서 동시에 서구의 눈으로 한국을 대상화, 타자화하는 오리엔탈리즘적 지역학의 한계도 극복할 수 있는 길이 열릴 것이다.

한국의 학문 발전에 큰 책임을 지고 있는 서울대학교는 한국학의 바람직한 발전을 위해 적극적인 역할을 하고자 한다. 이를 위해 별도의 연구기금을 마련하여 '한국학 장기기초연구 지원사업'을 추진하고 이 사업의 결과물들을 모아 연구총서, 자료총서, 모노그래프를 출간하기로 했다. 서울대학교 교수진의 연구역량과 진지한 문제의식들이 결집됨으로써 한국학의 연구수준이 더욱 높아지고 내용이 보다 풍부해질 것을 믿고 있다. 이 연구사업이 해를 거듭할수록 한국사회에 대한 이해가 깊어짐은 물론이고 한국의 경험을 통해 세계 학계의 시각과 논의도 더욱 풍성해질 것을 기대해 마지않는다.

2003년 8월

서울대학교 규장각한국학연구원 한국학연구사업위원회

저자소개

유근배

현, 서울대학교 사회과학대학 지리학과 교수
　　국토지리학회장
서울대학교 지리학과 학사, 석사
미국 조지아 대학교 Ph. D.
저서: 『현대사회와 과학문명』(공저), 『새 천년의 환경과 국토』(공저), 『위성 영상을 이용한 북한지역의 해안습지 연구』, 『해안보호』(역서), 『한국의 하구역: 하구둑 건설 이후의 지형변화』(공저), 『한국 서해안의 해안사구: 지형학적 관점을 중심으로』(공저) 외 다수

신영호

현, 서울대학교 BK21 플러스 4-zero지향 국토공간창조 사업단 박사후연구원
서울대학교 지리학과 학사, 석사
서울대학교 지리학 박사
저서: 『한국의 하구역: 하구둑 건설 이후의 지형변화』(공저)

김대현

현, 켄터키 주립대학교 지리학과 조교수
서울대학교 지리학과 학사, 석사
미국 텍사스 A&M 대학교 Ph. D.

김성환

현, 신라대학교 지리학과 교수
서울대학교 지리학과 학사, 석사
서울대학교 지리학 박사
저서: 『도시해석』(공저), 『한국의 하구역: 하구둑 건설 이후의 지형변화』(공저), 『휴먼임팩트』(공역), 『해안시스템』(공역), 『한국의 대표 지형』(공저)

서울대학교 규장각한국학연구원 한국학모노그래프

21 경제개방이 우리나라 노동시장에 미친 효과 | 김대일

22 한국 고소설에 나타난 오이디푸스 콤플렉스: 〈심청전〉·〈콩쥐팥쥐전〉 | 류인균

23 남북한 경제의 이질성: 경제통합에 관한 함의 | 이지순

24 한국에서 마르크스주의 경제학의 도입과 전개과정 | 김수행

25 한국 장수인의 개체적 특성과 사회환경적 요인: 호남지방 장수벨트를 중심으로
박상철·이미숙·이정재·한경혜

26 전통마을 경관요소들의 생태적 의미 | 이도원

27 한국의 중산층 | 홍두승

28 한국 여성의 건강증진행위 | 윤순녕·김숙영·이지윤

29 心과 性: 茶山의 『孟子』 해석 | 금장태

30 20세기 초기 국어의 문법 | 권재일

31 한국의 고령노동: 경제활동과 고용구조의 장기적 변화 | 이철희

32 웃음으로 눈물 닦기: 한국 언어문화의 한 특질 | 김대행

33 한국의 좌파 경제학자들 | 김수행·김공회

34 온돌과 한국인의 수면 생활: 침상 기후를 중심으로 | 최정화·김문숙

35 한국 고대의 온돌: 북옥저, 고구려, 발해 | 송기호

36 한국 시민단체의 내부의사결정과정에 관한 연구 | 김준기

37 한국문화를 쓴다: 강용흘의 『초당』과 이미륵의 『압록강은 흐른다』 비교연구 | 최윤영

38 정약용 사상 속의 과학기술: 유가 전통, 실용성, 과학기술 | 김영식

39 仁과 禮: 다산의 『논어』 해석 | 금장태

40 서양인의 한국 종교 연구 | 김종서

41 韓國詩話에 보이는 杜詩 | 이영주

42 한국의 소득불평등과 빈곤: 소득분배 악화와 사회보장정책의 과제 | 구인회

43 한국인 치매환자의 행동 및 심리 증상의 횡문화적 특성 | 조맹제·김진영

44 한국 사회복지 네트워크의 구성과 효과성: 지역종합사회복지관의 네트워크 구성과 조

서울대학교 규장각한국학연구원 한국학연구총서

01 지방문학사: 연구의 방향과 과제 | 조동일

02 한국 근대과학 형성과정 자료 | 문만용 · 김영식

03 목석의 울음: 손창섭 문학의 정신분석 | 조두영

04 통일한국의 농업: 통일 이후 남 · 북한 농산물의 통합생산 방안 | 김완배 · 김한호 · 이정재 · 이태호 · 정하우

05 현대 한국사회의 철학적 문제: 사회운영원리 | 백종현

06 한국유교의 과제 | 금장태

07 韓國 古代 · 中世初期 土地制度史: 古朝鮮~新羅 · 渤海 | 이경식

08 『무과총요』 연구 | 나영일

09 북한 주요 산업지역의 토지이용 변화와 개방지역에 관한 연구 | 황만익 · 이기석

10 재벌체제와 다국적기업: 경제개발의 두 가지 유형 | 이승훈

11 붉은악마와 월드컵 | 이순형

12 『조선왕조실록』 보존을 위한 기초 조사연구(1) | 송기중 · 신병주 · 박지선 · 이인성

13 한국 근대의 사회복지 | 안상훈 · 조성은 · 길현종

14 한국어 체언의 음변화 연구 | 이상억

15 조선 중기 무예서 연구 | 나영일 · 노영구 · 양정호 · 최복규

16 1950년대 사회주의 건설기의 북한 보건의료 | 황상익

17 후발 산업화와 국가의 동학: 탈관료화와 강성국가의 공동화 | 하용출

18 조선 후기의 기술도: 서양 과학의 도입과 미술의 변화 | 정형민 · 김영식

19 韓國 中世 土地制度史: 朝鮮前期 | 이경식

20 남북 언어의 문법 표준화 | 권재일

21 50권본『화엄경』연구 | 이승재

22 한 · 중 소화의 비교 | 서대석

23 高麗前期의 田柴科 | 이경식

24 개항기 전후 경상도의 육상교통 | 허우긍 · 도도로키 히로시

25 한국어의 주제와 통사 분석: 주제 개념의 새로운 전개 | 임홍빈

26 한국적 패션 디자인의 제다움 찾기: 전통미와 현대적 활용을 중심으로 | 김민자

27 한국 근대문학교육사 연구 | 우한용

28 조선왕조실록의 여진족 족명과 인명 | 김주원

29 중앙아시아 고려말의 문법 | 권재일

30 삼국통일전쟁사 | 노태돈

31 한국의 사회운동과 진보정당 | 임현진

32 한국 행락문화의 변천과정 | 황기원

33 노래의 상상계 | 신범순

34 한국의 언어민속지: 전라남북도 편 | 왕한석

35 주시경의 언어이론과 표기법 | 송철의

36 일제강점기의 철도 수송 | 허우긍

37 인권으로 읽는 동아시아 | 정진성 · 공석기 · 구정우

38 정조와 정조시대 | 김인걸 외

39 문화의 정치와 지역사회의 권력구조: 안동과 안동김씨 | 김광억